给水排水工程识图与预算

主编　张国栋
参编　赵小云　王春花　郑文乐
　　　李　锦　洪　岩　马　波
　　　邵夏蕊　郭芳芳　郭小段
　　　张国喜　李小金

中国电力出版社
CHINA ELECTRIC POWER PRESS

内 容 简 介

　　本书主要内容为给水排水工程识图与预算，本书从给水排水工程识图的基本知识点出发，预算案例以住房和城乡建设部新颁布的《建设工程工程量清单计价规范》（GB 50500—2013）、《通用安装工程工程量计算规范》（GB 50856—2013）和部分省、市的预算定额为依据编写。教读者一步一步看懂给水排水图纸，进而结合图纸进行工程量计算、计价、报价。书中的案例实操部分有住宅生活区、公共办公区、集中就餐区等，分别从不同的方面详细讲解了给水排水工程的预算全过程。

　　本书可供安装工程、给水排水工程专业的工程造价、工程管理与工程经济等相关工程造价人员参考使用，也可作为高职高专工程造价及相关专业的参考书。

图书在版编目（CIP）数据

给水排水工程识图与预算/张国栋主编. —北京：中国电力出版社，2016.1
ISBN 978-7-5123-8628-0

Ⅰ.①给… Ⅱ.①张… Ⅲ.①给排水系统-建筑安装-工程制图-识别②给排水系统-建筑安装-建筑预算定额 Ⅳ.①TU991②TU723.3

中国版本图书馆 CIP 数据核字（2015）第 290257 号

中国电力出版社出版发行

北京市东城区北京站西街 19 号　　100005　http://www.cepp.sgcc.com.cn
责任编辑：关　童　　　　联系电话：010-63412603
责任印制：蔺义舟　　　责任校对：王小鹏
北京市同江印刷厂印刷·各地新华书店经售
2016 年 1 月第 1 版·第 1 次印刷
700mm×1000mm　1/16·12.25 印张·248 千字
定价：36.00 元

前　言

　　给水排水工程识图与预算一书主要是从工程应用实践入手，以贯彻国家现行标准、规范为指导思想，将给水排水工程的"识图"与"预算"结合起来，以实际工程预算案例为主进行工程预算讲解。

　　本书主要以《建设工程工程量清单计价规范》（GB 50500—2013）、《通用安装工程工程量计算规范》（GB 50856—2013）和部分省、市的预算定额为依据，书中主要介绍给水排水工程识图的基础知识和给水排水工程施工图的识读方法，详细阐述了给水排水工程的范畴划分、给水排水工程常用的图例符号、给水排水施工图的标注方式、给水排水施工图的识读要点和《建设工程工程量清单计价规范》，并结合实例从不同方面讲解了工程量计算、计价、投标报价的全过程。

　　本书与同类书相比，其显著特点叙述如下：

　　（1）实际操作性强。开篇讲解工程识图基本知识，起到了索引的作用。书中主要以实际案例说明实际预算中有关问题及解决方法，便于提高读者的实际操作水平。

　　（2）项目属性划分清晰。通过具体的工程实例，依据定额和清单工程量计算规则对给水排水工程各分部分项工程进行工程量计算、计价、报价，教读者学预算，从根本上帮读者解决实际问题。

　　本书在编写过程中得到了许多同行的支持与帮助，在此表示感谢。由于编者水平有限和时间紧迫，书中若存在疏漏和不妥之处，望广大读者批评指正。如有疑问，请登陆 www. gczjy. com（工程造价员网）、www. ysypx. com（预算员网）、www. debzw. com（企业定额编制网）或 www. gclqd. com（工程量清单计价网），也可以发邮件至 zz6219@163. com 或 dlwhgs@tom. com 与编者联系。

编　者

目　录

第一章 识图基本知识

一、给水排水工程的范畴划分

给水排水工程按其所处的位置不同，可以分为城市给水排水工程和建筑给水排水工程两类。

1. 城市给水排水工程

（1）城市给水工程的范围。一般都是从水源地的一级泵房起至建筑小区的水表井止，包括一、二级泵房起，输水管网、给水处理厂和配水管网等。

（2）城市排水工程的范围。城市排水工程，按污水的性质不同，分为城市污水排水工程和城市雨水排水工程两种。

城市污水排水工程范围：一般是从建筑小区的下游最后一个污水检查井起，至污水出水口止，包括污水碰头井、污水排水管网、污水处理厂和污水出水口等。

城市雨水排水工程的范围：一般是从建筑小区的下游最后一个雨水检查井起，至雨水出水口止，包括雨水碰头井、雨水排水管网和雨水出水口等。

2. 建筑给水排水工程

（1）建筑给水工程的范围。建筑给水工程按其所处的位置不同，分为建筑小区（室外）给水工程和建筑内部（室内）给水工程两种。

室外给水工程的范围：从城市给水工程的水表井起，至建筑物阀门井或水表井（位于室外）止，包括室外给水管网和阀门井（或水表井）等。

室内给水工程的范围：从阀门井或水表井（位于室外）起，至室内各用水点（设备）止，包括引入管、室内管道、设备和附件等。

（2）建筑排水工程的范围。建筑排水工程，按其所处的位置和污水的性质不同，分为室外污水排水工程、室外雨水排水工程两种，以及室内外污水排水工程和室内（屋面）雨水排水工程四种。

室外污水排水工程的范围：从建筑物第一个污水检查井（位于室外）起，至下游最后一个污水检查井（碰头井）止，包括建筑物第一个污水检查井、室外污水检查井和室外污水排水管网等。

室外雨水排水工程的范围：从建筑物第一个雨水检查井（位于室外）或雨水口起，至下游最后一个雨水检查井（碰头井）止，包括建筑物第一个雨水检查井或雨水口、室外雨水检查井或室外雨水口排水管网等。

室内污水排水工程的范围：从室外各污水收集点（设备）起，至建筑物第一个污水检查井（位于室外）止，包括设备、室内污水排水管道和排出管等。

室内（屋面）雨水排水工程的范围：一般是从雨水斗起，至建筑物第一个雨水检查井（位于室外）或雨水口，包括雨水斗、雨水排水立管和排出管等。

3. 室内给水系统组成

（1）引入管：由室外供水管起，引至室内的供水接入管道，称为给水引入管。引入管通常采用离地暗敷方式引入。

（2）水表节点：在引入管室外部分离开建筑物适当位置处，设备水表井或阀门井，在引入管上接水表、阀门等计量及控制附件，对整支管道的用水进行总计量或总控制。

（3）给水干管：即建筑的干线供水管道，分为立管和水平给水干管两大类。

（4）给水支管：建筑的支线供水管道，由干管接出，并向用水及配水设备过渡。

（5）用水或配水设备：建筑物中供水终端点，水到用水及配水设备后，供人使用或提供给水设备，完成供水过程。

（6）增压设备：用于增大管内水压，使管内水流总能够达到相应位置，并保证有足够的流出水头。

（7）贮水设备：常用于贮存水，有时也有贮存压力的作用。

（8）室内消防设备：根据其防水要求及规定，需要设置消防给水系统时，一般应设置消火栓灭火设备，特殊要求时，需设置自动喷水灭火设备。

建筑给水系统见图1-1和图1-2所示。

4. 室内排水系统的组成

（1）卫生器具：卫生器具是污水收集器，是排水的起点，建筑物中的洗面盆、大便器、地漏等均具有污水收集的功能。

（2）排水支管：与卫生器具相连，输送污水给水排水立管，起承上启下的作用，与卫生设备相连的支管应设水封。

（3）排水立管：主要的排水管道，用于收集各支管的污水，并将其排至建筑物的底层。

（4）排出管：将立管输送来的污水排至室外的检查井化粪池中，是最主要的水平排水通道。

（5）通气管：与排水立管相连，上口开敞，一般接出屋面或室外，用于排出臭气，以及排水时给管道补充空气。

（6）清通设备：用于排水管道的清理疏通，检查口、清扫口和室内检查井封均属于清通设备。

（7）其他特殊设备：如特殊排水弯头、旋流连接配件、气水混合器、气水分离器等。

建筑排水系统间图1-3所示。

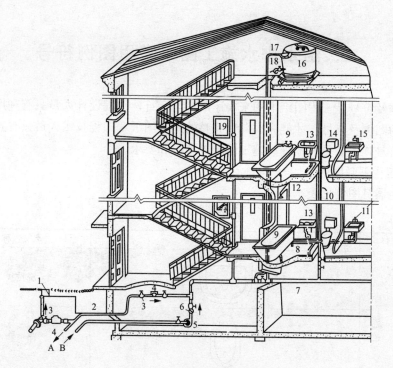

图 1-1　建筑内部给水系统

1—阀门井；2—引入管；3—闸阀；4—水表；5—水泵；6—逆水阀；7—干管；8—支管；
9—浴盆；10—立管；11—水龙头；12—淋浴器；13—洗脸盆；14—大便器；15—洗涤盆
16—水箱；17—进水管；18—出水管；19—消火栓；A—入贮水池；B—来自贮水池

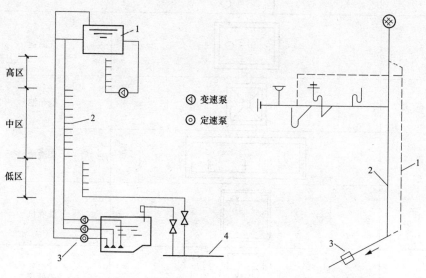

图 1-2　高层建筑给水系统示意

1—水箱；2—水平管；3—水泵；4—市政给水管

图 1-3 排水系统

1—排水管；2—排水立管；3—检查井

3

二、给水排水施工图中常用图例符号

图例及符号是工程图纸上用来表述语言的字符，工程设计人员只有利用各种统一规范的图例及符号，才能完成一套完整的施工图纸，工程技术人员只有熟知各种图例及符号，才能更好地理解施工图纸的内容和要求。

1. 卫生器具图例

卫生器具图例见表 1-1。

表 1-1　　　　　　　　　　　　　卫 生 器 具 图 例

序号	图　例	名　称
1		洗脸盆
2		净身器
3		浴盆
4		淋浴器喷头
5		洗涤盆
6		拖布池
7		盥洗槽
8		洗衣机
9		坐便器

序　号	图　例	名　称
10		蹲便器
11		挂式小便斗
12		立式小便斗
13		小便槽

2. 室外池、井图例

室外池、井图例见表1-2。

表1-2　　　　　　　　　　室外池、井图例

序　号	图　例	名　称
1		矩形化粪池
2		圆形化粪池
3		放气井
4		跌水井
5		泄水井
6		水封井
7		阀门井　检查井
8		除油池
9		降温池
10		沉淀池
11		水表井

3. 管道图例

管道图例见表1-3。

表 1-3　　　　　　　　　　管 道 图 例

序　号	图　例	名　称
1	———— J ————	给水管
2	———— P ————	排水管
3	———— Y ————	雨水管
4	———— X ————	消防管
5	———— W ————	污水管
6	———— F ————	废水管
7	———— R ————	热水管
8	———— I ————	交叉管
9	———→	流向
10	———→	坡向
11		防水套管
12		保温管
13		多孔管
14		地沟管
15		排水明沟
16		排水暗沟
17	⊶XL　|XL	X 为管道类别代号；L 表示立管

4. 管道附件图例

管道附件图例见表1-4。

表 1-4　　　　　　　　　　管 道 附 件 图 例

序　号	图　例	名　称
1		存水弯
2		检查口
3		清扫口（左图用于平面图，右图用于系统图）
4		通气帽
5	YD	雨水斗（左图用于平面图，右图用于系统图）
6	○	排水漏斗（左图用于平面图，右图用于系统图）

序　号	图　　例	名　　称
7		圆形地漏 （左图用于平面图，右图用于系统图）
8		方形地漏 （左图用于平面图，右图用于系统图）
9		方形地漏 （左图用于平面图，右图用于系统图）
10		阀门套筒
11		挡墩

5. 阀门图例

阀门图例见表1-5。

表 1-5 　　　　　　　　　　阀　门　图　例

序　号	图　　例	名　　称
1		阀门
2		闸阀
3		截止阀
4		电动阀
5		减压阀
6		旋塞阀
7		球阀
8		单向阀
9		蝶阀
10		角阀
11		浮球阀
12		放水龙头
13		室外消火栓
14		室内消火栓（单口）
15		室内消火栓（双口）
16		水泵接合器
17		消防喷头（开式）

7

序 号	图 例	名 称
18		消防喷头（闭式）
19		消防报警器
20		延时自闭冲洗阀

三、给水排水施工图识读

1. 读图要点

给水排水施工图上的线条是示意性的。

（1）给水排水施工平面图。

1）平面图的知识点。

平面图是最基本的图样，以建筑平面图为基础绘制而成，主要表达卫生设备及水池、管道及其附件的平面布置，管线的水平走向、排列和规格尺寸，以及管子的坡度和坡向、管径和标高，要求绘出给水点的水平位置。它包括给水平面图、排水平面图、屋顶水箱布置图。当给水管与排水管交叉时，应连续画出给水管，断开排水管。

平面图中一般只绘制房屋的主要构件，主要显示的有卫生设备和器具的类型及位置、给水排水管道平面位置。给水排水管道包括立管、干管、支管，并标注管径。引入管和排出管都标注有系统编号，管道种类和编号写在标注的圆圈内，过圆心有一水平线，用"J"和"W"来表示给水管和污水管，写在水平线上。给水排水管的管径以公称直径 DN 表示，单位为 mm，如 DN25。

给水排水立管是指穿过一层及多层的竖向供水管道和排水管道。当立管数量为两根或两根以上者，要标注立管的编号，如用 WL-3 表示，其中 W 表示污水管，L 表示立管，3 就表示立管的编号。

给水排水横支管是指连接连接两个或两个以上卫生器具的供水管道和排水管道的水平管道，横支管是将水输送到立管，横支管应具有一定的坡度。

2）识读平面图的注意事项。

① 查明卫生器具、用水设备和升压设备的类型、数量、安装位置及定位尺寸。

② 明确给水引水管和污水排水管的平面位置、走向、定位尺寸、与室外给排水管网的连接形式、管径及坡度等。给水引入管上一般都装有阀门，通常设与室外阀门井上，污水排出管与室外排水总管的连接是通过检查井来实现的。

③ 查明给排水干管、立管、支管的平面位置与走向、管径尺寸及立管的编号。

④ 消防给水管道要查明消火栓的布置、口径大小及消防栓的形式及位置。

⑤ 在给水管道上设置水表时，必须查明水表的型号、安装位置、表前后阀门的设置情况。

⑥ 对于室内排水管道，还要查明清通设备的布置情况，清扫口的型号和位置。对雨水管道，要查明雨水斗的型号及布置情况，并结合详图查明雨水斗与天沟的连接方式。

（2）给排水施工系统图。

1）系统图的知识点。

系统图是利用轴测作图原理，在立体空间反映管路、设备器具相互关系的图样，并标注管道、设备及器具的名称、型号、规格、尺寸、坡度、标高等内容，包括给水系统图和排水系统图。引入管、排出管以及立管的编号均应与其对应平面图中的引入管、排出管及立管保持一致，编号表示方法同平面图。给水排水系统图又可称为轴测图，一般45°按正面斜轴测投影法绘制。

管道的管径一般标注在管道旁边，标注空间不够时，可用引线标注，给水排水管道各管段的管径要逐段标注，当相连几段的管径相同时，一般只标注始段和末段。

室内给排水系统图汇中标注的标高是相对标高，底层室内地面为±0.000m，在给水系统中，标高以管中心为准，一般要注引水管、放水龙头、卫生器具的连接支管、各层楼地面、水箱顶面和底面等处的标高。在排水系统图中，横管的标高以管道内底为准，一般应标注立管上的通气帽、检查口、排出管的起点标高。

2）系统图的注意事项。

① 查明给水管道的走向，管路分支情况，管径尺寸及其变化情况，阀门的设置，引入管、干管及各支管的标高。

② 查明排水管的走向，管路分支情况，管径尺寸与横管坡度，管道各部标高，存水弯的形式，清通设备的设置情况，弯头及三通的选用等。

③ 系统图上对各楼层标高都有表明，看图时可据此分清各层管路。

（3）给排水施工详图。

大样详图是将给排水施工图中的局部范围，按比例放大而得到的图样，表明尺寸及做法而绘制的局部详图。通常有设备节点详图、接口大样详图、管道固定详图、卫生设施大样图、卫生间布置详图等。

在读详图时，应结合给水排水平面图、给水轴测图、排水轴测图对照进行。室内给排水详图包括节点图、大样图、标准图，主要是管道节点、水表、消火栓、水加热器、卫生器具等的安装图及卫生间大样图等，图中注明了详细尺寸。

2. 读图顺序

（1）浏览平面图：先看底层平面图，再看楼层平面图；先看给水引入管、排水排出管，再顾其他。

（2）对照平面图，阅读系统图：先找平面图、系统图对应编号，然后再读图；顺水流方向、按系统分组，交叉反复阅读平面图和系统图。

阅读给水系统图时，通常从引入管开始，依次按引入管—水平干管—立管—支管—配水器具的顺序进行阅读。

① 引入管的标高，引入管与人口设备的连接高度；

② 干管的走向、安装标高、坡度、管道标高变化；

③ 各条立管上连接横支管的安装标高、支管及用水设备的连接高度；

④ 明确阀门、调压装置、报警装置、压力表、水表等的类型、规格及安装标高。

阅读排水系统图时，则依次按卫生器具、地漏及其他污水曰—连接管—水平支管—立管—排水管—检查井的顺序进行阅读。

① 明确各类管道的管径、干管及横管的安装坡度与标高；

② 管道与排水设备的连接方法，排水立管上检查口的位置；

③ 通气管伸出屋面的高度及通气管口的封闭要求；

④ 管道的防腐、涂色要求。

3. 识图举例

图 1-4 和图 1-5 是某实验楼给水排水管道平面图和轴测系统图，通过对平面图和系统轴测图的识读可以了解如下内容：

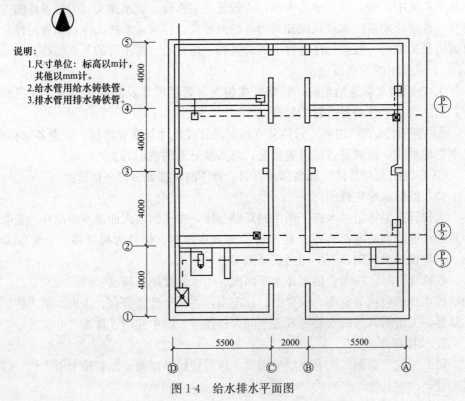

图1-4　给水排水平面图

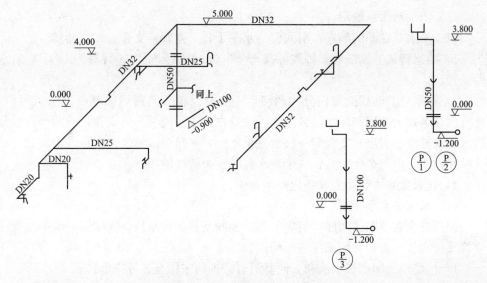

图 1-5　给水排水系统轴测图

（1）识读平面图。

给排水平面图左上角有指北针，箭头指向为北（图 1-4）。

从图中可以看出，该实验楼有 5 个实验室，1 个卫生间，横向共 5 轴，分别用①②③④⑤表示。竖向 4 轴，分别用Ⓐ圆Ⓒ圆表示。Ⓑ和Ⓒ之间是走廊，其宽度为 2000mm，①②和Ⓒ圆轴之间是卫生间，其尺寸为 4000mm×5500mm；②④和Ⓒ圆轴之间及其②④和Ⓐ圆轴之间是实验室，其尺寸为（4000＋4000）mm×5500mm；④⑤和Ⓒ圆轴之间、④⑤和Ⓐ圆轴之间、①②和Ⓐ圆轴之间也是实验室，其尺寸为 4000mm×5500mm。Ⓐ轴的右侧有 3 个排水管，分别用Ⓟ⁄1、Ⓟ⁄1、Ⓟ⁄3表示。

从图中还可以看出该实验楼共有 4 个化验盆、3 个污水池和 1 个大便器。

（2）识读轴测图。

从图中可以看出（图 1-5），DN100 的引入管的标高为－0.900m；向北是 DN50 的立管，向东引至标高为 5.000m 的支管，其直径为 DN32；向南引至依次为化验池、污水池和化验池。DN100 的引入管向南引至 DN32 的支管，DN32 向东引至 DN25 的支管，依次连接有化验盆和化验盆；DN32 向南引至三个支管，依次为 DN25 的污水池、DN20 的大便器和 DN20 的污水池。

Ⓟ⁄1排水管的标高为－1.200m，向北是 DN50 的排水立管，其最高点的标高为 3.800m，结合平面图（虚线部分），Ⓟ⁄1向西依次连接污水池、化验盆、化验盆。

Ⓟ⁄1排水管的标高为－1.200m，向北是 DN50 的排水立管，其最高点的标高为 3.800m，结合平面图（虚线部分），Ⓟ⁄1向西依次连接化验盆、污水池。

Ⓟ⁄3排水管的标高为－1.200m，向北是 DN100 的排水立管，标高为 0.000，结合平面图（虚线部分），Ⓟ⁄3向西依次连接为大便器、污水池。

11

（3）识读给水系统图。

识读给水系统图的顺序：引入管—水平干管—立管—支管—配水器具。

1）给水管从①轴线和⑤轴线标高−0.900m处引入室内，管材为DN100给水铸铁管。

2）给水管⑤轴线处室内分为两路，一路沿①轴线向南到②轴线处引入厕所，厕所内装蹲式大便器和污水池各一套，该管在轴线④处引出一支管，向两个化验盆供水，在轴线②引出一支管向一污水盆供水。另一路沿⑤轴线向东至Ⓐ轴线处，沿Ⓐ轴线向南，供两个化验盆、一个污水盆和一个洗涤池用水。

3）化验盆共4套均为双联化验水龙头。

（4）识读排水系统图。

识读排水系统图的顺序：卫生器具、地漏及其他污水口—连接管—水平支管—立管—排水管—检查井的顺序进行阅读。

1）①②轴之间的污水池和大便器沿着②轴向东排至3号排水管；

2）②③轴之间的污水池及化验盆沿着②轴向东排至2号排水管；

3）③④轴之间的化验池和污水池及④⑤轴之间的两个化验池沿着④轴向东排至1号排水管。

第二章　某五层住宅楼给水排水工程预算

本设计为某五层住宅楼的给水排水工程设计。该工程的平面图和系统图已在图 2-1～图 2-4 中标示出来。其中该住宅楼由两个相同的单元组成，图中只表示出了其中的一个单元。

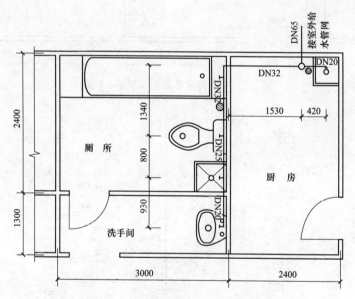

图 2-1　一层给水平面图（单位：mm）

该住宅楼为五层建筑，两室一厅一卫一厨。卫生间内设北陶普釉低水箱坐式大便器一个，1830mm×800mm×440mm 的搪瓷浴盆一个（带冷热水喷头），DN50 的圆形地漏一个。洗手间内设洗手盆一个。厨房内设 610mm×460mm 的白瓷洗涤盆一个，DN50 圆形地漏一个。给水管道采用螺纹连接，系统打压合格后刷银粉漆两遍。排水管为离心排水铸铁管，采用承插连接，石棉水泥打口，除锈合格后明装部分刷红丹防锈漆一道，再刷银粉漆二度，暗装埋地部分需刷沥青漆两度（给水管采用镀锌钢管，其中卫生间内又设拖布池一个，属于土建部分，只需计算一个 DN15 的水嘴即可）。

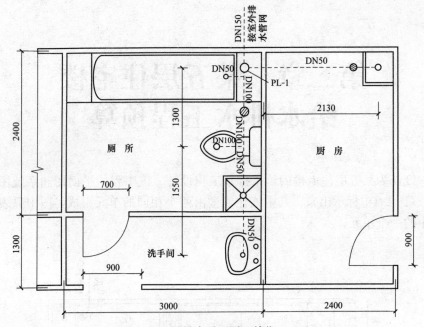

图 2-2 一层排水平面图（单位：mm）

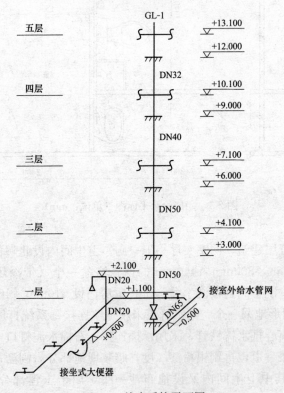

图 2-3 给水系统平面图

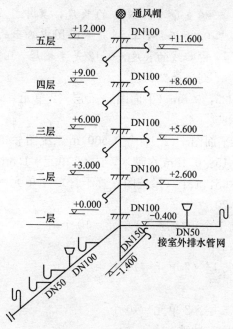

图 2-4　排水系统图

一、清单工程量计算

1. 给水系统

（1）镀锌钢管 DN65。

1）暗装埋地部分：（1.5＋0.24＋0.05＋0.5）×2m＝4.58m

【注释】

1.5——室内外管道界线；

0.24——墙厚；

0.05——立管中心距墙的距离；

0.5——埋地立管的高度；

2——两个相同的单元。

2）明装部分：1.1m×2 单元＝2.2m

（2）镀锌钢管 DN50：（7.100－1.100）m 系统图×2 单元＝12m

（3）镀锌钢管 DN40：（10.100－7.100）m 系统图×2 单元＝6m

（4）镀锌钢管 DN32：{（13.100－10.100）m 系统图＋[（1.7＋1.34）m 平面图×5 层]}×2 单元＝36.4（m）

【注释】

13.100－10.100——主干管中 DN32 的长度；

15

1.7+1.34——横支管中 DN32 的长度，其中 1.7 是由 1.53+0.12+ 0.05 而得，1.53 是平面图中给出的从给水干管中心到墙中心线的长度，0.12 是半墙厚，0.05 是给水横支管中心到墙的距离。

（5）镀锌钢管 DN25：0.8m（平面图）×5 层×2 单元＝8m

（6）镀锌钢管 DN20。

[(0.93+0.42)m 平面图+(2.100－0.500)m 系统图]×5 层×2 单元＝29.5m

（7）镀锌钢管 DN15：0.18m 水嘴×5 层×2 单元＝1.8m

（8）螺纹阀门 DN65：1 个（系统图立管干管）×2 单元＝2 个

（9）螺纹阀门 DN20。

1 个（每个水表前 1 个）×5 层×2 单元＝10 个

（10）水表安装。

DN20 水表 1 个×5 层×2 单元＝10 个

（11）水嘴安装。

DN15 水嘴 1 个×5 层×2 单元＝10 个

（12）给水管道消毒、冲洗。

1）DN50 以内：(12+6+36.4+8+29.5+1.8) m＝93.7m

2）DN65：(4.58+2.2) m＝6.78m

2. 排水系统

由图 2-2 可以看出每个单元有一个独立的排水系统，在进行排水工程计算时，按系统进行。由于两个单元相同，只需计算出一个系统再乘以 2 即可。

（1）承插铸铁排水管 DN150（埋地敷设）。

(1.5+0.24+0.15+1.4－0.4) m/单元×2 单元＝5.78m

【注释】　1.5m——离外墙 1.5m 处为室内外管线的分界线；

－0.4－(－1.4) ——为标高差。

（2）承插铸铁排水管 DN100。

1）埋地敷设：[0.4m+(1.3m+0.4m)]×2＝4.2m

【注释】　1.3m——排水立管距大便器中心即变径处的距离；

　　　　　0.4m——大便器支管长度；

　　　　　2——单元数。

2）明装：[3.000m×4 层+1m+(1.3m+0.4m)×4 层]×2 单元＝39.6m

【注释】　3.000m——楼层层高；

　　　　　1m——楼顶至通气帽的距离。

（3）承插铸铁排水管 DN50。

1）埋地敷设。

[2.4m+1.55m+0.4m×2+0.3m×3]×2 单元＝11.3m

【注释】 2.4m——厨房内洗涤盆至排水立管的距离;

1.55m——大便器中心变径处至洗手盆排水管处;

0.4m——洗手盆和洗涤盆支管长度;

0.3m——两个地漏和拖布池的横支管长度。

2)明装。

$(2.4m+1.55m+0.4m\times2+0.3m\times3)\times2$ 单元 $\times4$ 层 $=45.2m$

(4)洗手盆(带配件):1个×5层×2单元=10个

(5)洗涤盆:1个×5层×2单元=10个

(6)低水箱坐式大便器:1个×5层×2单元=10个

(7)浴盆(带冷热水喷头):1个×5层×2单元=10个

(8)地漏DN50:2个×5层×2单元=20个

(9)排水栓DN50:1组×5层×2单元=10组

(10)清通口DN100:1个×5层×2单元=10个

清单工程量计算见表2-1。

表 2-1　　　　　　　　　　清 单 工 程 量 计 算 表

序号	项目编码	项目名称	项目特征描述	计量单位	工程量
1	031001001001	镀锌钢管安装	室内DN65给水管,丝扣连接,埋地敷设,刷沥青漆二度	m	4.58
2	031001001002	镀锌钢管安装	室内DN65给水管,丝扣连接,明装,刷银粉漆二度	m	2.2
3	031001001003	镀锌钢管安装	室内DN50给水管,丝扣连接,刷银粉漆二度	m	12
4	031001001004	镀锌钢管安装	室内DN40给水管,丝扣连接,刷银粉漆二度	m	6
5	031001001005	镀锌钢管安装	室内DN32给水管,丝扣连接,刷银粉漆二度	m	36.4
6	031001001006	镀锌钢管安装	室内DN25给水管,丝扣连接,刷银粉漆二度	m	8
7	031001001007	镀锌钢管安装	室内DN20给水管,丝扣连接,刷银粉漆二度	m	29.5
8	031001001008	镀锌钢管安装	室内DN15给水管,丝扣连接,刷银粉漆二度	m	1.8
9	031001005001	承插铸铁排水管安装	室内DN150排水管,承插连接,埋地敷设,刷沥青漆二度	m	5.78

序号	项目编码	项目名称	项目特征描述	计量单位	工程量
10	031001005002	承插铸铁排水管安装	室内 DN100 排水管，承插连接，明装刷红丹防锈漆一度，银粉漆二度	m	39.6
11	031001005003	承插铸铁排水管安装	室内 DN100 排水管，承插连接，埋地敷设，刷沥青漆二度	m	4.2
12	031001005004	承插铸铁排水管安装	室内 DN50 排水管，承插连接，刷红丹防锈漆一度，银粉漆二度	m	45.2
13	031001005005	承插铸铁排水管安装	室内 DN50 排水管，承插连接，刷沥青漆二度，埋地敷设	m	11.3
14	031003001001	螺纹阀门安装	DN65 截止阀，丝扣连接	个	2
15	031003001002	螺纹阀门安装	DN20 截止阀，丝扣连接	个	10
16	031003013001	螺纹水表安装	DN20，螺纹连接	组	10
17	030901010001	水嘴安装	DN15，铜质	套	10
18	031004001001	浴盆安装	搪瓷浴盆，带冷热水喷头，尺寸为 1830mm×800mm×440mm	组	10
19	031004003001	洗手盆安装	白瓷洗手盆，普通冷水嘴，尺寸为 600mm×460mm	组	10
20	031004004001	洗涤盆安装	白瓷，单嘴，尺寸为 600mm×460mm	组	10
21	031004008001	排水栓安装	铸铁，带存水弯，DN50	组	10
22	031004014001	地漏安装	铸铁，带存水弯，DN50	组	20
23	031004006001	坐式大便器安装	北陶普釉低水箱式	组	10
24	031004014001	清通口安装	铸铁 DN50	个	10

二、定额工程量计算

1. 给水系统

（1）给水系统管道工程量图清单工程量。

（2）丝接镀锌钢管。

1）给水管刷油。

① 暗装埋地管刷沥青漆两遍，每遍工程量：

DN65 管　$4.58m×0.24m^2/m=1.10m^2$

② 明装管刷两道银粉漆，每道工程量：

DN65 管：$2.2m×0.24m^2/m=0.53m^2$

DN50 管：$12m×0.19m^2/m=2.28m^2$

DN40 管：$6m×0.15m^2/m=0.9m^2$

DN32 管：$36.4m×0.13m^2/m=4.73m^2$

DN25 管：8m×0.11m²/m＝0.88m²

DN20 管：29.5m×0.084m²/m＝2.48m²

DN15 管：1.8m×0.08m²/m＝0.144m²

丝接镀锌钢管工程量统计见表 2-2。

表 2-2 丝接镀锌钢管工程量统计表

项目	规格	单位	数量	项目	单位	数量	总计
丝接镀锌钢管	DN65	10m	0.68	暗装刷油	10m²	0.11	0.11
	DN50	10m	1.2	明装刷油	10m²	0.053	1.194
					10m²	0.228	
	DN40	10m	0.6		10m²	0.09	
	DN32	10m	3.64		10m²	0.473	
	DN25	10m	0.8		10m²	0.088	
	DN20	10m	2.95		10m²	0.248	
	DN15	10m	0.18		10m²	0.014	

2）DN65。

定额编号 8-93，基价 124.29 元，其中：人工费 63.62 元；材料费（不含主材费）56.56 元；机械费 4.11 元。

3）DN50。

定额编号 8-92，基价 111.93 元。其中：人工费 62.23 元；材料费（不含主材费）46.84 元；机械费 2.86 元。

4）DN40。

定额编号 8-91，基价 93.85 元，其中：人工费 60.84 元；材料费（不含主材费）31.98 元；机械费 1.03 元。

5）DN32。

定额编号 8-90，基价 86.16 元，其中：人工费 51.08 元；材料费（不含主材费）34.05 元；机械费 1.03 元。

6）DN25。

定额编号 8-89，基价 83.51 元，其中：人工费 51.08 元；材料费（不含主材费）31.40 元；机械费 1.03 元。

7）DN20。

定额编号 8-88，基价 66.72 元，其中：人工费 42.49 元；材料费（不含主材费）24.23 元。

8）DN15。

定额编号 8-87，基价 65.45 元，其中：人工费 42.49 元；材料费（不含主材费）22.96 元。

9）暗装管道刷沥青漆两道。

① 第一道。

定额编号11-202，基价9.90元，其中：人工费8.36元；材料费（不含主材费）1.54元。

② 第二道。

定额编号11-203，基价9.50元，其中：人工费8.13元；材料费（不含主材费）1.37元。

10）明装管道刷银粉漆二度。

① 第一遍。

定额编号11-200，基价13.23元，其中：人工费7.89元；材料费（不含主材费）5.34元。

② 第二遍。

定额编号11-201，基价12.37元，其中：人工费7.66元；材料费（不含主材费）4.71元。

（2）螺纹阀。

1）DN65。单位：个　　数量：2

定额编号8-247，基价26.79元，其中：人工费8.59元；材料费（不含主材费）18.20元。

2）DN20。单位：个　　数量：10

定额编号8-242，基价5.00元，其中：人工费2.32元；材料费（不含主材费）2.68元。

（3）名称：螺纹水表DN20。单位：组　　数量：10

定额编号8-358，基价23.19元，其中：人工费9.29元；材料费（不含主材费）13.90元。

（4）名称：水嘴DN15。单位：10个　　数量：1

定额编号8-438，基价7.48元，其中：人工费6.50元；材料费（不含主材费）0.98元。

（5）镀锌薄钢板套管。

1）DN100：5个（穿楼板）×2单元＝10（个）

2）DN65：[1（穿楼板）＋1（穿墙板）]×2单元＝4（个）

3）DN50：2个（穿墙板）×5层×2单元＋2个（穿楼板）×2单元＝24（个）

4）DN40：1个（穿楼板）×2单元＝2（个）

1个（穿墙）×5层×2单元＝10（个）

（2＋10）个＝12（个）

① 名称：套管DN100。计量单位：个　　数量：10

定额编号8-175，基价4.34元，其中：人工费2.09元；材料费2.25元。

② 名称：套管DN65。计量单位：个　　数量：4

定额编号 8-173，基价 4.34 元，其中：人工费 2.09 元；材料费 2.25 元。

③ 名称：套管 DN50。计量单位：个　　数量：24

定额编号 8-172，基价 2.89 元，其中：人工费 1.39 元；材料费 1.50 元。

④ 名称：套管 DN40。计量单位：个　　数量：2

定额编号 8-171，基价 2.89 元，其中：人工费 1.39 元；材料费 1.50 元。

⑤ 名称：套管 DN32。计量单位：个　　数量：12

定额编号：8-170，基价：2.89 元，其中：人工费 1.39 元，材料费 1.50 元

（6）给水管道消毒冲洗。给水管道消毒冲洗工程量计算见表 2-3。

表 2-3　　　　　　　　　给水管道消毒冲洗工程量计算表

项目	规格	单位	数量
给水管道消毒冲洗	≤DN50	100m	0.937
	DN65	100m	0.006

1）≤DN50。

定额编号 8-230，基价 20.49 元，其中：人工费 12.07 元；材料费 8.42 元。

2）DN65。

定额编号 8-231，基价 29.26 元，其中：人工费 15.79 元；材料费 13.47 元。

2. 排水系统

（1）排水系统管道工程量计算同清单工程量。

（2）管道刷油。

1）埋地敷设的管道刷沥青漆二度，每度的工程量计算如下：

① DN150：$5.78m \times 0.52m^2/m \times 1.2 = 3.606m^2$

② DN100：$4.2m \times 0.36m^2/m \times 1.2 = 1.81m^2$

③ DN50：$11.3m \times 0.19m^2/m \times 1.2 = 2.576m^2$

2）明装管道先刷红丹防锈漆一度，再刷银粉漆二度；每度的工程量计算如下：

① DN100：$39.6m \times 0.36m^2/m \times 1.2 = 17.11m^2$

② DN50：$45.2m \times 0.19m^2/m \times 1.2 = 10.31m^2$

承插铸铁排水管工程量计算与定额组价分别见表 2-4、表 2-5。

表 2-4　　　　　　　　　承插铸铁排水管工程量计算表

项目	规格	单位	数量	项目	单位	数量
承插铸铁排水管	DN150	10m	0.58	刷沥青漆二度	10m²	0.361
	DN100	10m	3.96	刷防锈漆一度，银粉漆二度	10m²	1.711
	DN100	10m	0.42	刷沥青漆二度	10m²	0.181
	DN50	10m	4.52	刷防锈漆一度，银粉漆二度	10m²	1.03
	DN50	10m	1.13	刷沥青漆二度	10m²	0.258

表 2-5   承插铸铁排水管组价表

定额编号	项　目	基价（元）	人工费（元）	材料费（元）	机械费（元）
8-141	承插铸铁管 DN150	350. 11	85. 22	264. 89	—
8-140	承插铸铁管 DN100	378. 68	80. 22	298. 34	—
8-138	承插铸铁管 DN50	261. 74	62. 23	199. 51	—
11-202	沥青漆第一遍	9. 90	8. 36	1. 54	—
11-203	沥青漆第二遍	9. 50	8. 13	1. 37	—
11-198	红丹防锈漆第一遍	8. 85	7. 66	1. 19	—
11-200	银粉漆第一遍	13. 23	7. 89	5. 34	—
11-201	银粉漆第二遍	12. 37	7. 66	4. 71	—

（2）卫生器具安装。卫生器具工程量计算与定额组价分别见表 2-6、表 2-7。

表 2-6   卫生器具工程量计算表

项　目	规　格	单　位	数　量
地漏	DN50	10 个	2
排水栓	DN50	10 组	1
洗手盆	600mm×460mm	10 组	1
洗涤盆	600mm×460mm	10 组	1
浴盆	1830mm×810mm×440mm	10 组	1
低水箱坐式大便器	480mm×215mm×365mm	10 组	1
清通口	DN50	10 个	1

表 2-7   卫生器具组价表

定额编号	项　目	基价（元）	人工费（元）	材料费（元）	机械费（元）
8-447	DN50 地漏安装	55. 88	37. 15	18. 73	—
8-443	DN50 排水栓安装	121. 41	44. 12	77. 29	—
8-382	普通冷水嘴洗手盆安装	576. 23	109. 60	466. 63	—
8-391	单嘴洗涤盆安装	596. 56	100. 54	496. 02	—
8-376	冷热水带喷头搪瓷浴盆安装	1177. 98	258. 90	919. 08	—
8-414	低水箱坐便器安装	484. 02	186. 46	297. 56	—
8-451	DN50 清通口安装	18. 77	17. 41	1. 36	—

3. 管道刷油工程量汇总

（1）管道刷银粉漆第一遍工程量：

　　　　（0.53＋2.28＋0.9＋4.73＋0.88＋2.48＋0.144）m² ＝11.944m²

（2）管道刷银粉漆第二遍工程量：

　（0.53＋2.28＋0.9＋4.73＋0.88＋2.48＋0.144＋17.11＋10.31)m²＝39.364m²

（3）管道刷沥青，每遍工程量：（1.1＋3.606＋1.81＋2.576）m²＝9.0992m²

（4）管道刷红丹防锈漆第一遍工程量：（17.11＋10.31）m²＝27.42m²

三、施工图预算表

施工图预算见表 2-8。

表 2-8　　　　　　　　　　某五层住宅楼给水排水工程施工图预算表

序号	定额编号	分项工程名称	定额单位	工程量	基价（元）	其中			合价（元）
						人工费（元）	材料费（元）	机械费（元）	
1	8-87	室内丝接镀锌给水钢管 DN15	10m	0.18	65.45	42.49	22.96	—	11.78
2	8-88	室内丝接镀锌给水钢管 DN20	10m	2.95	66.72	42.49	24.23	—	196.82
3	8-89	室内丝接镀锌给水钢管 DN25	10m	0.8	83.51	51.08	31.40	1.03	66.81
4	8-90	室内丝接镀锌给水钢管 DN32	10m	3.64	86.16	51.08	34.05	1.03	313.62
5	8-91	室内丝接镀锌给水钢管 DN40	10m	0.6	93.85	60.84	31.98	1.03	56.31
6	8-92	室内丝接镀锌给水钢管 DN50	10m	1.2	111.93	62.23	46.84	2.86	134.32
7	8-93	室内丝接镀锌给水钢管 DN65	10m	0.68	124.29	63.62	56.56	4.11	84.52
8	8-138	室内承插铸铁排水管 DN50	10m	5.65	261.74	62.23	199.51	—	1478.83
9	8-140	室内承插铸铁排水管 DN100	10m	4.38	378.68	80.22	298.34	—	1658.62
10	8-141	室内承插铸铁排水管 DN150	10m	0.578	350.11	85.22	264.89	—	202.36
11	11-200	管道刷银粉漆第一遍	10m²	1.19	13.23	7.89	5.34	—	15.74
12	11-201	管道刷银粉漆第二遍	10m²	3.936	12.37	7.66	4.71	—	48.69
13	11-202	管道刷沥青漆第一遍	10m²	0.91	9.90	8.36	1.54	—	9.01
14	11-203	管道刷沥青漆第二遍	10m²	0.91	9.50	8.13	1.37	—	8.65
15	11-198	刷红丹防锈漆第一遍	10m²	2.74	8.85	7.66	1.19	—	24.25
16	8-230	≤DN50 给水管道消毒与冲洗	100m	0.937	20.49	12.07	8.42	—	19.20
17	8-231	DN65 给水管道消毒与冲洗	100m	0.068	29.26	15.79	13.47	—	1.99
18	8-247	DN65 螺纹阀安装	个	2	26.79	8.59	18.20	—	53.58
19	8-242	DN20 螺纹阀安装	个	10	5.00	2.32	2.68	—	50
20	8-358	DN20 螺纹水表安装	组	10	23.19	9.29	13.90	—	231.9
21	8-438	DN15 水嘴安装	10个	1	7.48	6.50	0.98	—	7.48

序号	定额编号	分项工程名称	定额单位	工程量	基价（元）	其中			合价（元）
						人工费（元）	材料费（元）	机械费（元）	
22	8-174	DN100 套管制作	个	10	4.34	2.09	2.25	—	43.4
23	8-173	DN65 套管制作	个	4	4.34	2.09	2.25	—	17.36
24	8-172	DN50 套管制作	个	24	2.89	1.39	1.50	—	69.36
25	8-171	DN40 套管制作	个	2	2.89	1.39	1.50	—	5.78
26	8-170	DN32 套管制作	个	12	2.89	1.39	1.50	—	34.68
27	8-376	冷热水搪瓷浴盆安装（带喷头）	10组	1	1177.98	258.90	919.08	—	1177.98
28	8-382	普通冷水嘴洗手盆安装	10组	1	576.23	109.60	466.6	—	576.23
29	8-391	单嘴洗涤盆安装	10组	1	596.56	100.54	496.02	—	596.56
30	8-414	低水箱坐便器安装	10套	1	484.02	186.46	297.56	—	484.02
31	8-443	DN50 排水栓安装	10组	1	121.41	44.12	77.29	—	121.41
32	8-447	DN50 地漏安装	10个	2	55.88	37.15	18.73	—	111.76
33	8-451	DN50 清通口安装	10个	1	18.77	17.41	1.36	—	18.77

四、分部分项工程和单价措施项目清单与计价表（表 2-9）

工程量清单综合单价中未计价材料的单价参考《安装工程综合单价参考指标》（中国建设工程造价管理协会编）中附录 1，其中有各种辅助材料的单价。其他案例不再赘述。

表 2-9 　　　　分部分项工程和单价措施项目清单与计价表

工程名称：某五层住宅楼给水排水工程　标段：　　　　　　　　第　页　共　页

序号	项目编码	项目名称	项目特征描述	计量单位	工程量	金额（元）		其中：暂估价
						综合单价	合价	
1	031001001001	镀锌钢管安装	室内 DN65 给水管，丝扣连接，埋地敷设，刷沥青漆二度	m	4.58	56.42	258.40	
2	031001001002	镀锌钢管安装	室内 DN65 给水管，丝扣连接，刷银粉漆二度	m	2.2	49.30	108.46	
3	031001001003	镀锌钢管安装	室内 DN50 给水管，丝扣连接，刷银粉漆二度	m	12	57.57	690.84	
4	031001001004	镀锌钢管安装	室内 DN40 给水管，丝扣连接，刷银粉漆二度	m	6	38.30	229.80	
5	031001001005	镀锌钢管安装	室内 DN32 给水管，丝扣连接，刷银粉漆二度	m	36.4	33.90	1233.96	

序号	项目编码	项目名称	项目特征描述	计量单位	工程量	金额（元）		
						综合单价	合价	其中：暂估价
6	031001001006	镀锌钢管安装	室内 DN25 给水管，丝扣连接，刷银粉漆二度	m	8	29.53	236.24	
7	031001001007	镀锌钢管安装	室内 DN20 给水管，丝扣连接，刷银粉漆二度	m	29.5	23.90	705.05	
8	031001001008	镀锌钢管安装	室内 DN15 给水管，丝扣连接，刷银粉漆二度	m	1.8	18.90	34.02	
9	031001005001	铸铁管安装	室内 DN150 排水管，承插连接，埋地敷设，刷沥青漆二度	m	5.78	87.00	502.86	
10	031001005002	铸铁管安装	室内 DN100 排水管，承插连接，刷红丹防锈漆一度，刷银粉漆二度	m	39.6	75.83	3002.87	
11	031001005003	铸铁管安装	室内 DN100 排水管，承插连接，埋地敷设，刷沥青漆二度	m	4.2	96.55	405.51	
12	031001005004	铸铁管安装	室内 DN50 排出管，承插连接，埋地敷设，刷沥青漆二度	m	11.3	33.49	378.44	
13	031001005005	铸铁管安装	室内 DN50 排水管，承插连接，刷红丹防锈漆一度，银粉漆二度	m	45.2	34.16	1544.03	
14	031003001001	螺纹阀门安装	丝扣连接，截止阀，DN65	个	2	96.77	193.54	
15	031003001002	螺纹阀门安装	丝扣连接，截止阀，DN20	个	10	15.61	156.10	
16	031003013001	螺纹水表安装	丝扣连接 DN20	组	10	80.48	804.80	
17	030901010001	水嘴安装	DN15，铜质	套	10	17.04	170.40	
18	031004001001	浴盆安装	搪瓷浴盆（带冷热水喷头），尺寸为 1830mm×810mm×440mm	组	10	695.16	6951.60	
19	031004003001	洗手盆安装	白瓷，普通冷水嘴尺寸为 610mm×460mm	组	10	113.30	1133.00	
20	031004004001	洗涤盆安装	白瓷单嘴，尺寸为 610mm×460mm	组	10	114.46	1144.60	
21	031004008001	排水栓安装	带存水弯，塑料 DN50	组	10	27.52	275.20	
22	031004014001	地漏安装	DN50，带存水弯，铸铁	组	20	21.91	438.20	
23	031004006001	坐式大便器安装	北陶普釉，低水箱式尺寸为 480mm×215mm×365mm	组	10	182.30	1823.00	
24	031004014001	清通口安装	铁质，DN50	个	10	15.01	150.10	
		总　计					22570.92	

五、工程量清单综合单价分析

工程量清单综合单价分析见表2-10～表2-33。

表2-10 工程量清单综合单价分析表

工程名称：某五层住宅楼给水排水工程　　标段：　　　　　　第 页 共 页

项目编码	031001001001	项目名称	埋地镀锌钢管给水管 DN65 安装	计量单位	m	工程量	

清单综合单价组成明细

定额编号	定额名称	定额单位	数量	单价（元）				合价（元）			
				人工费	材料费	机械费	管理费和利润	人工费	材料费	机械费	管理费和利润
8-93	给水管安装	10m	0.10	63.62	56.56	4.11	111.59	6.36	5.66	0.41	11.16
8-231	管道消毒、冲洗	100m	0.01	15.79	13.47	—	27.70	0.16	0.13	—	0.28
8-236	管道压力试验	100m	0.01	107.51	56.02	9.95	188.57	1.08	0.56	0.10	1.89
8-173	套管制作	个	0.873	2.09	2.25	—	3.67	1.83	1.96	—	3.20
11-66	刷沥青漆一度	10m²	0.024	6.50	1.54	—	11.40	0.16	0.04	—	0.27
11-67	刷沥青漆二度	10m²	0.024	6.27	1.37	—	11.00	0.15	0.03	—	0.26
人工单价				小　计				9.74	8.38	0.51	17.06
23.22元/工日				未计价材料费				20.73			
清单项目综合单价								56.42			

材料费明细	主要材料名称、规格、型号	单位	数量	单价（元）	合价（元）	暂估单价（元）	暂估合价（元）
	镀锌钢管 DN65	m	1.02	19.83	20.23		
	煤焦油沥青漆 L01-17	kg	0.13	3.86	0.50		
	其他材料费			—	20.73		
	材料费小计				20.73		

表2-11

工程量清单综合单价分析表

工程名称：某五层住宅楼给水排水工程　　标段：　　　　　　第　页　共　页

| 项目编码 | 031001001002 | 项目名称 | DN65 镀锌钢管给水管安装 | | 计量单位 | m | 工程量 | 2.2 |

清单综合单价组成明细

定额编号	定额名称	定额单位	数量	单价（元）				合价（元）			
				人工费	材料费	机械费	管理费和利润	人工费	材料费	机械费	管理费和利润
8-93	给水管安装	10m	0.10	63.62	56.56	4.11	111.59	6.36	5.66	0.41	11.16
8-231	管道消毒、冲洗	100m	0.01	15.79	13.47	—	27.70	0.16	0.13	—	0.28
8-236	管道压力试验	100m	0.01	107.51	56.02	9.95	188.57	1.08	0.56	0.10	1.89
11-56	刷第一遍银粉漆	10m²	0.024	6.50	4.81	—	11.40	0.16	0.12	—	0.27
11-57	刷二遍银粉漆	10m²	0.024	6.27	4.37	—	11.00	0.15	0.10	—	0.26
人工单价	小　计							7.91	6.57	0.51	13.86
23.22元/工日	未计价材料费							20.45			
	清单项目综合单价							49.30			

材料费明细	主要材料名称、规格、型号	单位	数量	单价（元）	合价（元）	暂估单价（元）	暂估合价（元）
	镀锌钢管 DN65	m	1.02	19.83	20.23	—	—
	酚醛清漆各色	kg	0.016	13.50	0.22	—	—
	其他材料费			—		—	
	材料费小计			—	20.45		

表 2-12

工程量清单综合单价分析表

工程名称：某五层住宅楼给水排水工程　　　　标段：　　　　　　　　　　　　第　页　共　页

项目编码	031001001003	项目名称	DN50 镀锌钢管给水管安装	计量单位	m	工程量	

清单综合单价组成明细

定额编号	定额名称	定额单位	数量	单价（元）				合价（元）			
				人工费	材料费	机械费	管理费和利润	人工费	材料费	机械费	管理费和利润
8-92	给水管安装	10m	0.10	62.23	46.84	2.86	109.15	6.22	4.68	0.29	10.92
8-230	管道消毒、冲洗	100m	0.01	12.07	8.42	—	21.17	0.12	0.08	—	0.21
8-236	管道压力试验	100m	0.01	107.51	56.02	9.95	188.57	1.08	0.56	0.10	1.89
8-173	套管制作	个	2	2.09	2.25		3.67	4.18	4.5		7.34
11-56	刷第一遍银粉漆	10m²	0.019	6.50	4.81		11.40	0.12	0.09		0.22
11-57	刷第二遍银粉漆	10m²	0.019	6.27	4.37		11.00	0.12	0.12		0.21
人工单价					小　计			11.84	9.99	0.39	20.79
23.22 元/工日					未计价材料费				14.95		
				清单项目综合单价					57.57		

材料费明细	主要材料名称、规格、型号	单位	数量	单价（元）	合价（元）	暂估单价（元）	暂估合价（元）
	镀锌钢管 DN50	m	1.02	14.48	14.77	—	—
	酚醛清漆各色	kg	0.013	13.50	0.18	—	—
	其他材料费			—		—	
	材料费小计			—	14.95	—	

28

表2-13

工程量清单综合单价分析表

工程名称：某五层住宅楼给水排水工程　　标段：　　　　第　页　共　页

项目编码	03100100 1004	项目名称	DN40 镀锌钢管给水管安装	计量单位	m	工程量		6

清单综合单价组成明细

定额编号	定额名称	定额单位	数量	单价（元）				合价（元）			
				人工费	材料费	机械费	管理费和利润	人工费	材料费	机械费	管理费和利润
8-91	给水管安装	10m	0.10	60.84	31.98	1.03	106.71	6.08	3.20	0.10	10.67
8-230	管道消毒、冲洗	100m	0.01	12.07	8.42	—	21.17	0.12	0.08	—	0.21
8-236	管道压力试验	100m	0.01	107.51	56.02	9.95	188.57	1.08	0.56	0.10	1.89
8-172	套管制作	个	0.33	1.39	1.50	—	2.44	0.46	0.50	—	0.81
11-56	刷第一道银粉	10m²	0.015	6.50	4.81	—	11.40	0.10	0.07	—	0.17
11-57	刷第二道银粉	10m²	0.015	6.27	4.37	—	11.00	0.09	0.07	—	0.17
人工单价		小　计						7.93	4.48	0.20	13.92
23.22元/工日		未计价材料费							11.77		
清单项目综合单价								38.30			

材料费明细	主要材料名称、规格、型号	单位	数量	单价（元）	合价（元）	暂估单价（元）	暂估合价（元）
	镀锌钢管 DN40	m	1.02	11.40	11.63	—	—
	酚醛清漆各色	kg	0.01	13.50	0.14	—	—
	其他材料费			—		—	
	材料费小计			—	11.77	—	

表2-14 　　　　　　　　　　　　　**工程量清单综合单价分析表**

工程名称：某五层住宅楼给水排水工程　　　　标段：　　　　　　　　　　　　　　　　　第　页　共　页

项目编码	031001001005	项目名称	DN32 镀锌钢管给水管安装	计量单位	m	工程量	36.4

清单综合单价组成明细

定额编号	定额名称	定额单位	数量	单价（元）				合价（元）			
				人工费	材料费	机械费	管理费和利润	人工费	材料费	机械费	管理费和利润
8-90	给水管安装	10m	0.10	51.08	34.05	1.03	89.59	5.11	3.41	0.10	8.96
8-230	管道消毒、冲洗	100m	0.01	12.07	8.42	—	21.17	0.12	0.08	—	0.21
8-236	管道压力试验	100m	0.01	107.51	56.02	9.95	188.57	1.08	0.56	0.10	1.89
8-171	套管制作	个	0.33	1.39	1.50	—	2.44	0.46	0.50	—	0.81
11-56	刷第一道银粉漆	10m²	0.013	6.50	4.81	—	11.40	0.08	0.06	—	0.15
11-57	刷第二道银粉漆	10m²	0.013	6.27	4.37	—	11.00	0.08	0.06	—	0.14
人工单价	小　计							6.93	4.67	0.20	12.16
23.22元/工日	未计价材料费							9.94			

清单项目综合单价　　33.90

材料费明细	主要材料名称、规格、型号	单位	数量	单价（元）	合价（元）	暂估单价（元）	暂估合价（元）
	镀锌钢管 DN32	m	1.02	9.63	9.82		
	酚醛清漆各色	kg	0.009	13.50	0.12		
	其他材料费			—		—	
	材料费小计			—	9.94	—	

表2-15

工程量清单综合单价分析表

工程名称：某五层住宅楼给水排水工程　　标段：　　第 页 共 页

项目编码	031001001006	项目名称	镀锌钢管给水管安装	计量单位	m	工程量	8

清单综合单价组成明细

定额编号	定额名称	定额单位	数量	单价（元）				合价（元）			
				人工费	材料费	机械费	管理费和利润	人工费	材料费	机械费	管理费和利润
8-89	给水管安装	10m	0.10	51.08	31.40	1.03	89.59	5.11	3.14	0.10	8.96
8-230	管道消毒、冲洗	100m	0.01	12.07	8.42	—	21.17	0.12	0.08	—	0.21
8-236	管道压力试验	100m	0.01	107.51	56.02	9.95	188.57	1.08	0.56	0.10	1.89
11-56	刷第一遍银粉漆	10m²	0.011	6.50	4.81	—	11.40	0.07	0.05	—	0.13
11-57	刷第二遍银粉漆	10m²	0.011	6.27	4.37	—	11.00	0.07	0.05	—	0.12
人工单价				小　计				6.45	3.88	0.20	11.31
23.22元/工日				未计价材料费					7.69		
				清单项目综合单价					29.53		

材料费明细	主要材料名称、规格、型号	单位	数量	单价（元）	合价（元）	暂估单价（元）	暂估合价（元）
	镀锌钢管 DN25	m	1.02	7.45	7.60	—	—
	酚醛清漆各色	kg	0.007	13.50	0.09	—	—
	其他材料费			—		—	
	材料费小计			—	7.69	—	

表 2-16

工程量清单综合单价分析表

工程名称：某五层住宅楼给水排水工程　　　标段：　　　第 页 共 页

项目编码	031001001007	项目名称	DN20 镀锌钢管给水管安装	计量单位	m	工程量	29.5

清单综合单价组成明细

定额编号	定额名称	定额单位	数量	单价（元）				合价（元）			
				人工费	材料费	机械费	管理费和利润	人工费	材料费	机械费	管理费和利润
8-88	给水管安装	10m	0.10	42.49	24.23	—	74.53	4.25	2.42	—	7.45
8-230	管道消毒、冲洗	100m	0.01	12.07	8.42	—	21.17	0.12	0.08	—	0.21
8-236	管道压力试验	100m	0.01	107.51	56.02	9.95	188.57	1.08	0.56	0.10	1.89
11-56	刷银粉漆第一度	10m²	0.0084	6.50	4.81	—	11.40	0.05	0.04	—	0.10
11-57	刷第二度银粉漆	10m²	0.0084	6.27	4.37	—	11.00	0.05	0.04	—	0.09
人工单价	小　计							5.55	3.14	0.10	9.74
23.22 元/工日	未计价材料费								23.90		
	清单项目综合单价								23.90		

材料费明细	主要材料名称、规格、型号	单位	数量	单价（元）	合价（元）	暂估单价（元）	暂估合价（元）
	镀锌钢管 DN20	m	1.02	5.19	5.29		
	酚醛清漆色	kg	0.0058	13.50	0.08		
	其他材料费			—			
	材料费小计				5.37		

表 2-17

工程量清单综合单价分析表

工程名称：某五层住宅楼给水排水工程　　标段：　　第　页　共　页

项目编码	03100100 1008	项目名称	DN15 镀锌钢管给水管安装	计量单位	m	工程量	1.8

清单综合单价组成明细

定额编号	定额名称	定额单位	数量	单价（元）				合价（元）			
				人工费	材料费	机械费	管理费和利润	人工费	材料费	机械费	管理费和利润
8-87	给水管安装	10m	0.10	42.49	22.96	—	74.53	4.25	2.30	—	7.45
8-230	管道清毒、冲洗	100m	0.01	12.07	8.42	—	21.17	0.12	0.08	—	0.21
11-56	刷第一道银粉漆	10m²	0.008	6.50	4.81	—	11.40	0.05	0.04	—	0.09
11-57	刷第二道银粉漆	10m²	0.008	6.27	4.37	—	11.00	0.05	0.03	—	0.09
人工单价	小　计							4.47	2.45	—	7.84
23.22元/工日	未计价材料费							4.14			
	清单项目综合单价							18.90			

材料费明细	主要材料名称、规格、型号	单位	数量	单价（元）	合价（元）	暂估单价（元）	暂估合价（元）
	镀锌钢管 DN15	m	1.02	3.99	4.07		
	酚醛清漆各色	kg	0.0055	13.50	0.07		
	其他材料费			—			
	材料费小计			—	4.14		

表2-18

工程量清单综合单价分析表

工程名称：某五层住宅楼给水排水工程　　　　标段：　　　　　　第　页　共　页

项目编码	031001005001	项目名称	埋地承插铸铁排水管 DN150 安装	计量单位	m	工程量	5.78

清单综合单价组成明细

定额编号	定额名称	定额单位	数量	单价（元）				合价（元）			
				人工费	材料费	机械费	管理费和利润	人工费	材料费	机械费	管理费和利润
8-141	排水管安装	10m	0.10	85.22	264.89	—	149.48	8.52	26.49	—	14.95
11-202	刷沥青漆第一遍	10m²	0.062	8.36	1.54	—	14.66	0.52	0.095	—	0.91
11-203	刷第二遍沥青漆	10m²	0.052	8.13	1.37	—	14.26	0.50	0.085	—	0.88
人工单价				小 计				9.54	26.67	—	16.74
23.22元/工日				未计价材料费					34.05		
				清单项目综合单价					87.00		

材料费明细	主要材料名称、规格、型号	单位	数量	单价（元）	合价（元）	暂估单价（元）	暂估合价（元）
	承插铸铁排水管 DN150	m	0.96	34.30	32.93	—	—
	煤焦油沥青漆 L01-17	kg	0.29	3.86	1.12	—	—
	其他材料费			—		—	
	材料费小计			—	34.05	—	

34

表2-19

工程量清单综合单价分析表

工程名称：某五层住宅楼给水排水工程　　项目编码：031001005002　　项目名称：DN100 承插铸铁排水管安装　　计量单位：m　　工程量：39.6　　标段：　　第　页　共　页

定额编号	定额名称	定额单位	数量	单价（元）				合价（元）			
				人工费	材料费	机械费	管理费和利润	人工费	材料费	机械费	管理费和利润
8-140	排水管安装	10m	0.10	80.22	298.34	—	140.71	8.02	29.83	—	14.07
11-198	刷第防锈漆一度	10m²	0.043	7.66	1.19	—	13.44	0.33	0.05	—	0.58
11-200	刷第一遍银粉漆	10m²	0.043	7.89	5.34	—	13.84	0.34	0.23	—	0.60
11-201	刷第二遍银粉漆	10m²	0.043	7.66	4.71	—	13.44	0.33	0.20	—	0.58
8-176	套管制作	个	0.253	2.55	2.75	—	4.47	0.65	0.70	—	1.13
人工单价				小　计				9.67	31.01	—	16.96
23.22元/工日				未计价材料费				18.19			
		清单项目综合单价						75.83			

材料费明细	主要材料名称、规格、型号	单位	数量	单价（元）	合价（元）	暂估单价（元）	暂估合价（元）
	承插铸铁排水管 DN100	m	0.89	19.30	17.18	—	—
	酚醛防锈漆各色	kg	0.045	11.40	0.51	—	
	酚醛清漆各色	kg	0.037	13.50	0.50	—	
	其他材料费			—		—	
	材料费小计			—	18.19	—	

表 2-20

工程量清单综合单价分析表

| 工程名称：某五层住宅楼给水排水工程 | | | | | | | | | | | |

| 项目编码 | 031001005003 | | 项目名称 | 承插铸铁管排水管安装
埋地 DN100 | | | 计量单位 | m | 工程量 | 4.2 | 第 页 共 页 |

清单综合单价组成明细

定额 编号	定额名称	定额 单位	数量	单价（元）				合价（元）			
				人工费	材料费	机械费	管理费 和利润	人工费	材料费	机械费	管理费 和利润
8-140	排水管安装	10m	0.10	80.22	298.34	—	140.71	8.02	29.83	—	14.07
8-175	套管制作	个	2.5	2.55	2.75	—	4.47	6.38	6.88	—	11.18
11-202	刷第一遍 沥青漆	10m²	0.043	8.36	1.54	—	14.66	0.36	0.07	—	0.63
11-203	刷第二遍 沥青漆	10m²	0.043	8.13	1.37	—	14.26	0.35	0.06	—	0.61
人工单价			小　计					15.11	36.84		26.49
23.22 元/工日			未计价材料费						18.11		
		清单项目综合单价							96.55		

材料费明细	主要材料名称、规格、型号	单位	数量	单价 （元）	合价 （元）	暂估单 价（元）	暂估合 价（元）
	承插铸铁排水管 DN100	m	0.89	19.30	17.18	—	—
	煤焦油沥青漆 L01-17	kg	0.24	3.86	0.93	—	—
	其他材料费			—		—	
	材料费小计			—	18.11	—	

36

表 2-21

工程量清单综合单价分析表

工程名称：某五层住宅楼给水排水工程　　　　标段：　　　　第　页　共　页

项目编码	031001005004	项目名称	DN50 埋地敷设承插铸铁排水管安装	计量单位	m	工程量	11.3

清单综合单价组成明细

定额编号	定额名称	定额单位	数量	单价（元）				合价（元）			
				人工费	材料费	机械费	管理费和利润	人工费	材料费	机械费	管理费和利润
8-138	排水管安装	10m	0.10	52.01	87.24	—	91.23	5.20	8.72	—	9.12
11-202	刷第一遍沥青漆	10m²	0.0228	8.36	1.54	—	14.66	0.19	0.04	—	0.33
11-203	刷第二遍沥青漆	10m²	0.0228	8.13	1.37	—	14.26	0.19	0.03	—	0.33
人工单价			小计					5.58	8.79	—	9.78
元/工日			未计价材料费						9.34		
清单项目综合单价									33.49		

材料费明细	主要材料名称、规格、型号	单位	数量	单价（元）	合价（元）	暂估单价（元）	暂估合价（元）
	承插铸铁排水管 DN50	m	0.88	10.05	8.84	—	—
	煤焦油沥青漆 L01-17	kg	0.13	3.86	0.50	—	—
	其他材料费			—		—	
	材料费小计			—	9.34	—	

表 2-22

工程量清单综合单价分析表

工程名称：某五层住宅楼给水排水工程　　　　　　　　　　　标段：　　　　　　　　　　　第　页　共　页

项目编码	031001005005	项目名称	DN50 室内铸铁排水管安装	计量单位	m	工程量	45.2

清单综合单价组成明细

定额号	定额名称	定额单位	数量	单价（元）				合价（元）			
				人工费	材料费	机械费	管理费和利润	人工费	材料费	机械费	管理费和利润
8-138	排水管安装	10m	0.10	52.01	87.24	—	91.23	5.20	8.72	—	9.12
11-198	刷防锈漆一度	10m²	0.023	7.66	1.19	—	13.44	0.18	0.03	—	0.31
11-200	刷第一道银粉漆	10m²	0.023	7.89	5.34	—	13.84	0.18	0.12	—	0.32
11-201	刷第二遍银粉漆	10m²	0.023	7.66	4.71	—	13.44	0.18	0.11	—	0.31
人工单价			小　计					5.74	8.98	—	10.06
32.22元/工日			未计价材料费						9.38		
清单项目综合单价								34.16			

材料费明细	主要材料名称、规格、型号	单位	数量	单价（元）	合价（元）	暂估单价（元）	暂估合价（元）
	承插铸铁排水管	m	0.88	10.05	8.84		
	酚醛清漆各色	kg	0.020	13.50	0.27		
	酚醛防锈漆各色	kg	0.024	11.40	0.27		
	其他材料费			—	—		
	材料费小计			—	9.38		

38

表 2-23

工程量清单综合单价分析表

工程名称：某五层住宅楼给水排水工程　标段：

项目编码	0310030001001	项目名称	DN65 螺纹阀门安装	计量单位	个	工程量		2

清单综合单价组成明细

定额编号	定额名称	定额单位	数量	单价（元）				合价（元）			
				人工费	材料费	机械费	管理费和利润	人工费	材料费	机械费	管理费和利润
8-247	螺纹阀安装	个	1.00	8.59	18.20	—	15.07	8.59	18.20	—	15.07
人工单价			小　计					8.59	18.20	—	15.07
23.22 元/工日			未计价材料费							54.91	

| 清单项目综合单价 | | | | | | | | 96.77 | | | |

材料费明细	主要材料名称、规格、型号		单位	数量		单价（元）	合价（元）	暂估单价（元）	暂估合价（元）
	螺纹阀门 DN65		个	1.01		54.37	54.91	—	—
	其他材料费					—		—	
	材料费小计					—	54.91	—	—

表2-24

工程量清单综合单价分析表

工程名称：某五层住宅楼给水排水工程　　　标段：　　　　　　第　页　共　页

项目编码	031003001002	项目名称	DN20 螺纹阀门安装	计量单位	个	工程量	10

清单综合单价组成明细

定额编号	定额名称	定额单位	数量	单价（元）				合价（元）			
				人工费	材料费	机械费	管理费和利润	人工费	材料费	机械费	管理费和利润
8-242	阀门安装	个	1.00	2.32	2.68	—	4.07	2.32	2.68	—	4.07
人工单价			小 计					2.32	2.68		4.07
23.22元/工日			未计价材料费						6.54		
清单项目综合单价									15.61		

材料费明细	主要材料名称、规格、型号	单位	数量	单价（元）	合价（元）	暂估单价（元）	暂估合价（元）
	螺纹截止阀门 J11T-16 DN20	个	1.01	6.48	6.54	—	—
	其他材料费				—		—
	材料费小计				6.54		—

40

表 2-25

工程量清单综合单价分析表

工程名称：某五层住宅楼给水排水工程　　　标段：

项目编码	03100303013001	项目名称	DN20 螺纹水表安装	计量单位	组	工程量	

清单综合单价组成明细

定额编号	定额名称	定额单位	数量	单价(元)				合价(元)			
				人工费	材料费	机械费	管理费和利润	人工费	材料费	机械费	管理费和利润
8-358	水表安装	组	1.00	9.29	13.90	—	16.29	9.29	13.90	—	16.29
人工单价		小计						9.29	13.90	—	16.29
23.22 元/工日		未计价材料费							41.00		
		清单项目综合单价								80.48	

材料费明细	主要材料名称、规格、型号	单位	数量	单价(元)	合价(元)	暂估单价(元)	暂估合价(元)
	螺纹水表 DN20	个	1.00	41.00	41.00	—	—
	其他材料费				—		—
	材料费小计				41.00		—

表2-26

工程量清单综合单价分析表

工程名称：某五层住宅楼给水排水工程　　标段：　　　　　　　　　第 页 共 页

项目编码	030901010001	项目名称	DN15 普通水嘴安装	计量单位	套	工程量	10

清单综合单价组成明细

定额编号	定额名称	定额单位	数量	单价（元）				合价（元）			
				人工费	材料费	机械费	管理费和利润	人工费	材料费	机械费	管理费和利润
8-438	水嘴安装	10个	0.10	6.50	0.98	—	11.40	0.65	0.10	—	1.14
人工单价		小　计						0.65	0.10	—	1.14
23.22元/工日		未计价材料费						15.15			
		清单项目综合单价						17.04			

材料费明细	主要材料名称、规格、型号	单位	数量	单价（元）	合价（元）	暂估单价（元）	暂估合价（元）
	铜水嘴 DN15	个	1.01	15.00	15.15	—	—
	其他材料费			—		—	
	材料费小计			—	15.15	—	

表 2-27

工程量清单综合单价分析表

工程名称：某五层住宅楼给水排水工程　　　　标段：　　　　　　第　页　共　页

项目编码	031004001001	项目名称	冷热水带喷头搪瓷浴盆安装	计量单位	组	工程量	10

清单综合单价组成明细

定额编号	定额名称	定额单位	数量	单价（元）				合价（元）			
				人工费	材料费	机械费	管理费和利润	人工费	材料费	机械费	管理费和利润
8-376	浴盆安装	10组	0.10	258.90	919.08	—	454.11	25.89	91.91	—	45.41
人工单价		小　计						25.89	91.91	—	45.41
23.22元/工日		未计价材料费							531.95		
		清单项目综合单价							695.16		

材料费明细	主要材料名称、规格、型号	单位	数量	单价（元）	合价（元）	暂估单价（元）	暂估合价（元）
	搪瓷浴盆	个	1.00	497.00	497.00		
	浴盆混合水嘴带喷头	套	1.01	34.60	34.95		
	其他材料费			—		—	
	材料费小计			—	531.95	—	

表 2-28

工程量清单综合单价分析表

工程名称：某五层住宅楼给水排水工程   标段：   第 页 共 页

项目编码	031004003001	项目名称	600×460 白瓷洗手盆安装	计量单位	组	工程量	10

清单综合单价组成明细

定额编号	定额名称	定额单位	数量	单价（元）				合价（元）			
				人工费	材料费	机械费	管理费和利润	人工费	材料费	机械费	管理费和利润
8-382	洗手盆安装	10组	0.10	109.60	466.63	—	192.24	10.96	46.66	—	19.22
人工单价			小 计					10.96	46.66	—	19.22
23.22元/工日			未计价材料费					36.46			
			清单项目综合单价					113.3			

材料费明细	主要材料名称、规格、型号				单位	数量	单价（元）	合价（元）	暂估单价（元）	暂估合价（元）
	洗手盆（600mm×460mm）				个	1.01	36.10	36.46	—	—
	其他材料费						—	36.46	—	—
	材料费小计						—	36.46		—

44

表 2-29

工程量清单综合单价分析表

工程名称：某五层住宅楼给水排水工程　　　　标段：　　　　　　　　　　第 页 共 10 页

项目编码	031004004001	项目名称	单嘴白瓷 600×460 洗涤盆安装	计量单位	组	工程量	

清单综合单价组成明细

定额编号	定额名称	定额单位	数量	单价（元）				合价（元）			
				人工费	材料费	机械费	管理费和利润	人工费	材料费	机械费	管理费和利润
8-391	洗涤盆安装	10 组	0.10	100.54	496.02	—	176.35	10.05	49.60	—	17.64
人工单价			小　计					10.05	49.60	—	17.64
23.22 元/工日			未计价材料费								
			清单项目综合单价						114.46		

材料费明细	主要材料名称、规格、型号		单位	数量	单价（元）	合价（元）	暂估单价（元）	暂估合价（元）
	洗涤盆（普瓷进沿白色，600×460×200）		个	1.01	36.80	37.17	—	—
	其他材料费				—		—	
	材料费小计				—	37.17	—	37.17

45

表 2-30

工程量清单综合单价分析表

工程名称：某五层住宅楼给水排水工程　　　　标段：　　　　

项目编码	031004008001	项目名称	带存水弯的排水栓安装	计量单位	组	工程量	10

清单综合单价组成明细

定额编号	定额名称	定额单位	数量	单价（元）				合价（元）			
				人工费	材料费	机械费	管理费和利润	人工费	材料费	机械费	管理费和利润
8-443	排水栓安装	10组	0.10	44.12	77.29	—	77.39	4.41	7.73	—	7.74
人工单价		小　计						4.41	7.73	—	7.74
23.22元/工日		未计价材料费						7.64			
		清单项目综合单价						27.52			

材料费明细	主要材料名称、规格、型号	单位	数量	单价（元）	合价（元）	暂估单价（元）	暂估合价（元）
	排水栓带链堵（铝合金）	组	1.00	7.64	7.64	—	—
	其他材料费				—		—
	材料费小计				7.64		—

表2-31

工程量清单综合单价分析表

工程名称：某五层住宅楼给水排水工程　　标段：　　　　　　　　　　　　　　　　　　第　页　共　页

项目编码	031004014001	项目名称	DN50 地漏安装		计量单位	组	工程量	20

清单综合单价组成明细

定额编号	定额名称	定额单位	数量	单价（元）				合价（元）			
				人工费	材料费	机械费	管理费和利润	人工费	材料费	机械费	管理费利润
8-447	DN50 地漏安装	10 个	0.10	37.15	18.73	—	65.16	3.72	1.87	—	6.52
人工单价			小　计					3.72	1.87	—	6.52
23.22 元/工日			未计价材料费						9.80		
			清单项目综合单价						21.91		

材料费明细	主要材料名称、规格、型号		单位	数量	单价（元）	合价（元）	暂估单价（元）	暂估合价（元）
	地漏 DN50（铸铁）		个	1.00	9.80	9.80	—	—
	其他材料费				—		—	
	材料费小计				—	9.80	—	

47

表2-32

工程名称：某五层住宅楼给水排水工程

工程量清单综合单价分析表

标段：　　　　　　　　　第　页　共　页

项目编码	031004006001	项目名称	低水箱坐式大便器安装	计量单位	组	工程量	10

清单综合单价组成明细

定额编号	定额名称	定额单位	数量	单价（元）				合价（元）			
				人工费	材料费	机械费	管理费和利润	人工费	材料费	机械费	管理费和利润
8-414	坐便器安装	10套	0.10	186.46	297.56	—	327.05	18.65	29.76	—	32.71
人工单价		小　计						18.65	29.76	—	32.71
23.22元/工日		未计价材料费							101.18		
		清单项目综合单价							182.30		

材料费明细	主要材料名称、规格、型号	单位	数量	单价（元）	合价（元）	暂估单价（元）	暂估合价（元）
	低水箱坐便器	个	1.01	64.78	65.43	—	—
	坐式低水箱（普釉白色，480×215×365）	个	1.01	25.10	25.35		
	低水箱配件	套	1.01	7.40	7.47		
	坐便器插盖	套	1.01	2.90	2.93		
	其他材料费					—	
	材料费小计				101.18	—	

48

表 2-33

工程量清单综合单价分析表

工程名称：某五层住宅楼给水排水工程　　　　　标段：　　　　　

项目编码	031004014001	项目名称	DN50 地面扫除口安装	计量单位	个	工程量	

清单综合单价组成明细

定额编号	定额名称	定额单位	数量	单价（元）				合价（元）			
				人工费	材料费	机械费	管理费和利润	人工费	材料费	机械费	管理费和利润
8-451	清扫口安装	10 个	0.10	17.41	1.36	—	30.54	1.74	0.14	—	3.05
人工单价			小　计					1.74	0.14	—	3.05
23.22 元/工日			未计价材料费						10.08		
		清单项目综合单价						15.01			

材料费明细	主要材料名称、规格、型号		单位	数量	单价（元）	合价（元）	暂估单价（元）	暂估合价（元）
	地面扫除口 DN50		个	1.00	10.08	10.08		
	其他材料费				—		—	
	材料费小计				—	10.08	—	

六、投标报价（投标报价所需表格见表 2-34～表 2-42）

_____某五层住宅楼给水排水_____工程

投 标 总 价

投 标 人：_____××安装公司_____

（单位盖章）

××××年××月××日

投 标 总 价

招 标 人：_____×××_____

工程名称：_____某五层住宅楼的给水排水工程_____

投标总价(小写)：_____34250_____

（大写）：_____叁万肆仟贰佰伍拾元整_____

投 标 人：_____××安装公司_____

（单位盖章）

法定代表人

或其授权人：_____×××_____

（签字或盖章）

编制人：_____×××_____

（造价人员签字盖专用章）

时间：××××年××月××日

51

表 2-34　　　　　　　　　　　　总　说　明

工程名称：某五层住宅楼的给水排水工程　　　　　　　　　　　　　　　第　页　共　页

1. 工程概况

本设计为某五层住宅楼的给排水工程设计。其中该住宅楼有两个相同的单元组成，图中只表示出了其中的一个单元。该住宅楼为五层建筑，两室一厅一卫一厨房。卫生间内设北陶普釉低水箱坐式大便器一个，1830mm×800mm×440mm 的搪瓷浴盆一个（带冷热水喷头），DN50 的圆形地漏一个。洗手间内设洗手盆一个。厨房内设 610mm×460mm 的白瓷洗涤盆一个，DN50 圆形地漏一个。给水管道采用螺纹连接，系统打压合格后刷银粉漆两遍。排水管为离心排水铸铁管，采用承插连接，石棉水泥打口，除锈合格后明装部分刷红丹防锈漆一道，再刷银粉漆二度，暗装埋地部分需刷沥青漆两度（给水管采用镀锌钢管，其中卫生间内又设拖布池一个，属于土建部分，只须计算一个 DN15 的水嘴即可）。

2. 投标控制价包括范围

为本次招标的某五层住宅楼的给排水工程。

3. 投标控制价编制依据

(1) 招标文件及其所提供的工程量清单和有关计价的要求，招标文件的补充通知和答疑纪要。

(2) 该某五层住宅小区给排水施工图及投标施工组织设计。

(3) 有关的技术标准，规范和安全管理规定。

(4) 省建设主管部门颁发的计价定额和计价管理办法及有关计价文件。

(5) 材料价格采用工程所在地工程造价管理机构工程造价信息发布的价格信息，对于造价信息没有发布的材料，其价格参照市价。

表 2-35　　　　　　　　建设项目投标报价汇总表

工程名称：某五层住宅楼给水排水工程　　　　　　　　　　　　第　页　共　页

序号	单项工程名称	金额（元）	其中：		
			暂估价（元）	安全文明施工费（元）	规费（元）
1	某五层住宅楼给水排水工程	34249.77			
	合计	34249.77			

注：本表适用于建设项目招标控制价或投标报价的汇总。

表 2-36　　　　　　　　单项工程投标报价汇总表

工程名称：某五层住宅楼给水排水工程　　　　　　　　第　页　共　页

序号	单项工程名称	金额（元）	其中：		规费（元）
			暂估价（元）	安全文明施工费（元）	
1	某五层住宅楼给水排水工程	34249.77			
	合计	34249.77			

注：本表适用于单项工程招标控制价或投标报价的汇总。暂估价包括分部分项工程中的暂估价和专业工程暂估价。

表 2-37　　　　　　　　　　　　单位工程投标报价汇总表

工程名称：某五层住宅楼给水排水工程　标段：　　　　　　　　　　第　页　共　页

序号	汇总内容	金额（元）	其中：暂估价（元）
1	分部分项工程	22570.92	
1.1	某五层住宅楼给水排水工程	22570.92	
1.2			
1.3			
1.4			
1.5			
2	措施项目	396.57	—
2.1	其中：安全文明施工费	253.33	
3	其他项目	8758.89	
3.1	其中：暂列金额	2257.09	
3.2	其中：专业工程暂估价	2900	
3.3	其中：计日工	3601.80	
3.4	其中：总承包服务费	—	
4	规费	1373.18	
5	税金	1150.21	—
	合计＝1＋2＋3＋4＋5	34249.77	

注：本表适用于单位工程招标控制价或投标报价的汇总，如无单位工程划分，单项工程也使用本表
　　汇总。

表 2-38　　　　　　　　　**总价措施项目清单与计价表**

工程名称：某五层住宅楼给水排水工程　　　　　　标段：　　　　　　　第　页　共　页

序号	项目编码	项目名称	计算基础	费率（%）	金额（元）	调整费率（%）	调整后金额（元）	备注
1		安全文明施工费	定额人工费（2367.56）	10.7	253.33			
2		夜间施工增加费	定额人工费（2367.56）	0.05	1.18			
3		二次搬运费	定额人工费（2367.56）	0.7	16.57			
4		冬雨季施工增加费	定额人工费（2367.56）	1.6	37.88			
5		缩短工期增加费	定额人工费（2367.56）	3.5	82.87			
6		已完工程及设备保护费	定额人工费（2367.56）	0.2	4.74			
		合计			396.57			

编制人（造价人员）：　　　　　　　　　　　　复核人（造价工程师）：

注：1. "计算基础"中安全文明施工费可为"定额基价""定额人工费"或"定额人工费＋定额机械费"，
　　　其他项目可为"定额人工费"或"定额人工费＋定额机械费"。

　　2. 按施工方案计算的措施费，若无"计算基础"和"费率"的数值，也可只填"金额"数值，但应
　　　在备注栏说明施工方案出处或计算方法。

　　3. 本工程在计算式所采用的费率为《建设工程费用定额汇编》中的安徽省建设工程计价费用定额
　　　（2005）安装工程。

表 2-39 　　　　　　　　**其他项目清单与计价汇总表**

工程名称：某五层住宅楼给水排水工程　　　　　标段：　　　　　　第　页　共　页

序号	项　目　名　称	金额（元）	结算金额（元）	备　　注
1	暂列金额	2257.09		一般为分部分项工程的10%
2	暂估价	2900		
2.1	材料（工程设备）暂估价/结算价	—		
2.2	专业工程暂估价/结算价	2900		
3	计日工	3601.80		
4	总承包服务费	—		
5	索赔与现场签证	—		
	合计	8758.89		

注：1. 材料（工程设备）暂估单价计入清单项目综合单价，此处不汇总。

　　2. 本工程在计算时所采用的费率为《建设工程费用定额汇编》中的安徽省建设工程计价费用定额（2005）安装工程。

表 2-40 专业工程暂估价及结算价表

工程名称：某五层住宅楼给水排水工程　　　　标段：　　　　第　页　共　页

序号	工程名称	工程内容	暂估金额（元）	结算金额（元）	差额±（元）	备注
1	某五层住宅楼给水排水工程		2900			
	合计		2900			

注：此表"暂估金额"由招标人填写，投标人应将"暂估金额"计入投标总价中。结算时按合同约定结算金额填写。

表 2-41

计 日 工 表

工程名称：某五层住宅楼给水排水工程　　　　　标段：　　　　　第　页　共　页

编号	项目名称	单位	暂定数量	实际数量	综合单价（元）	合价（元）暂定	合价（元）实际
一	人工						
1	普工	工日	20		100	2000	
2	技工	工日	5		200	1000	
	人 工 小 计					3000	
二	材料						
1	螺纹水表 DN20	个	1		41.00	41.00	
2	洗涤盆（普釉进沿白色，600×460×200）	个	1.01		36.80	37.17	
3	地漏 DN50	个	1.00		9.80	9.80	
4	坐式低水箱（普釉白色，480×215×365）	个	1.01		64.78	65.43	
5							
6							
	材 料 小 计					153.4	
三	施工机械						
1	灰浆搅拌机	台班	2		18.38	37.00	
2	自升式塔式起重机	台班	5		536.20	2631.00	
3							
4							
	施工机械小计					2668.00	
四	企业管理费和利润					933.80	
	总计					3601.80	

注：此表项目名称、暂定数量由招标人填写，编制招标控制价时，单价由招标人按有关计价规定确定；投标时，单价由投标人自主报价，按暂定数量计算合价计入投标总价中。结算时，按发承包双方确认的实际数量计算合价。

表 2-42　　　　　　　　**规费、税金项目计价表**

工程名称：某五层住宅楼给水排水工程　　　　　　标段：　　　　　第　页　共　页

序号	项目名称	计 算 基 础	计算基数	计算费率（％）	金额（元）
1	规费	定额人工费	2367.56	58	1373.18
1.1	社会保险费	定额人工费	—	—	—
（1）	养老保险费	定额人工费	2367.56	30	710.27
（2）	失业保险费	定额人工费	2367.56	3	71.03
（3）	医疗保险费	定额人工费	2367.56	10	236.76
（4）	工伤保险费	定额人工费	—	—	—
（5）	生育保险费	定额人工费	—	—	—
1.2	住房公积金	定额人工费	2367.56	15	355.13
1.3	工程排污费	按工程所在地环境保护部门收取标准，按实计入	—	—	—
2	税金	分部分项工程费＋措施项目费＋其他项目费＋规费－按规定不计税的工程设备金额	33099.56	3.475	1150.21
		合计			3896.58

60

第三章　某办公楼卫生间给水排水工程预算

图 3-1、图 3-2 为某办公楼卫生间给排水平面图及系统图，给水管道采用镀锌焊接钢管，排水管道采用承插排水铸铁管。

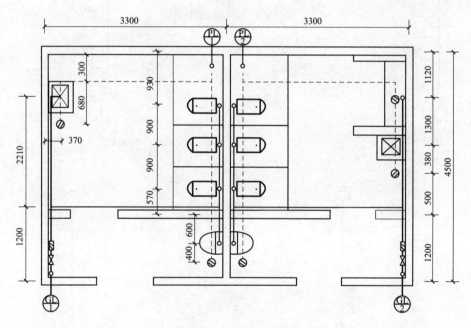

图 3-1　给水排水平面图

【注释】　本例中采用的规格为 DN40mm，由给 1 的系统图由图 3-2（a）给水 1 可看出，DN40 的地面标高为 −1.200m，即它的埋设地点与室内一层地面的垂直高差为 1.20m，即为垂直方向的工程量。另外，给水管道立管需要与室外的给水管道相连，首先包括室外给水管道连接到办公楼外墙的距离，查定额可知，室内外界线以建筑物外墙皮 1.5m 为界，入口处设阀门者以阀门为界，本案例中取室外给水管道连接处到办公楼外墙距离为 1.5m。

管道还需穿过墙才能与室内立管相连，此段距离包括墙厚 0.24m 和管中心离墙面距离 0.05m。因此，水平方向上底层 DN40 的水平方向距离为 1.5m+0.24m+0.05m=1.79m。即有公式：1.5m+1.2m+0.24m+0.05m=2.99m。

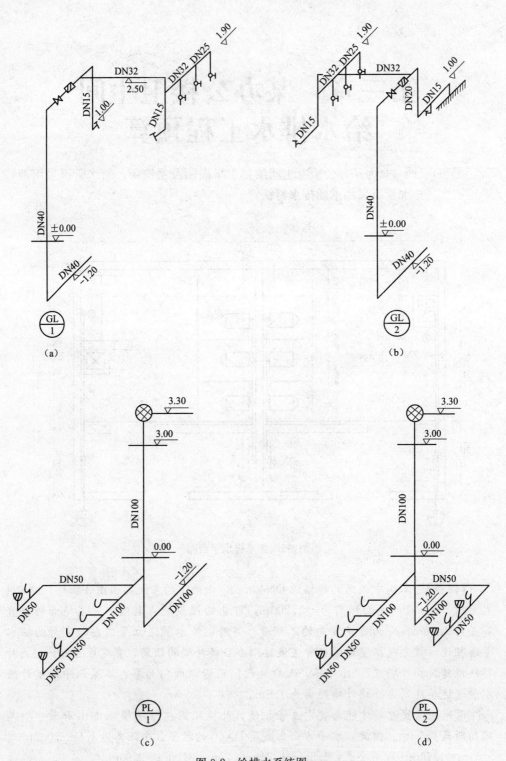

图 3-2 给排水系统图

由图 3-2 可知，该给水排水工程分为 2 个给水系统，2 个排水系统。

一、清单工程量计算

1. 镀锌钢管

（1）$\frac{GL}{1}$ 系统：是一条供女卫生间的给水系统，管径由 DN40、DN32、DN25、DN15 组成。

1）镀锌钢管 DN40。

① 埋地部分：1.5m＋1.2m＋0.24m＋0.05m＝2.99m

【注释】

1.5m——室外至室内外墙；

1.2m——室外埋地深；

0.24m——墙厚；

0.05m——管中心离墙面距离。

② 明装部分：2.50m＋1.2m＝3.70m

2.50m——立管长度；

1.2m——立管到女卫生间横支管的距离。

说明：由图 3-2（a）可知，用水设施支管距离地面的立管长度为 2.50m，由平面图（图 3-1）可知，立管到女卫生间横支管的长度为 1.2m，则有公式：

$$2.50m＋1.20m＝3.70m$$

2）镀锌钢管 DN32。

3.3m－0.12m×2－0.05m×2＋(2.5－1.9)m＋[0.57m－0.12m－0.05m]＋0.9m＝4.86m

【注释】

0.12m×2——两个轴心中心至墙面距离；

0.05m×2——两管中心至墙面距离；

(2.5－1.9) m——系统图；

0.12m——半墙厚；

0.05m——管中心离墙面距离；

0.9m——大便器间距。

3）镀锌钢管 DN25：0.9m（大便器间距）

4）镀锌钢管 DN15。

2.21m＋(2.5－1.0)m＋[0.37－0.12m－0.05m]＋(1.9－1.00)m＋(0.05＋0.12＋0.6)m＝5.58m

【注释】

0.12——半墙厚。

(2) $\overset{GL}{2}$系统：是一条供男卫生间的给水系统，管径由 DN40、DN32、DN25、DN20、DN15 组成。

1) 镀锌钢管 DN40。

① 埋地部分：1.5m＋1.2m＋0.24m＋0.05m＝2.99m

【注释】

1.5m——室内外界线；

1.2m——室外埋地深；

0.24m——墙厚；

0.05m——管中心离墙面距离。

② 明装部分：2.50m＋1.20m＝3.70m

【注释】

2.50m——立管长度；

1.20m——立管中心至男卫生间横支管的距离。

2) 镀锌钢管 DN32。

3.3m－0.12m×2－0.05m×2＋(2.5－1.9)m(系统图)＋(0.57m－0.12m－0.05m)＋0.9m＝4.86m

【注释】

0.12×2——两个轴线中心至墙面距离；

0.05×2——两管中心至墙面距离；

0.12——半墙厚；

0.05——管中心离墙面距离；

0.9——大便器间距。

3) 镀锌钢管 DN25：0.9m（大便器间距）

4) 镀锌钢管 DN20。

0.50m－0.12m(半墙厚)－0.05m(管中心离墙面距离)＋0.38m＋0.37m－0.12m(半墙厚)－0.05m(管中心离墙面距离)＋(2.5－1.0)m＝2.41m

【注释】

0.12m——半墙厚；

0.05m——管中心离墙面距离。

5) 镀锌钢管 DN15：

(1.9－1.0)m＋1.3m＋0.05m＋0.12m＋0.6m＝2.97m

【注释】

0.12m——半墙厚；

0.05m——管中心离墙面距离。

给水系统镀锌钢管工程量总汇见表 3-1。

表 3-1　　　　　　　　　给水系统镀锌钢管工程量总汇表

安装部分	规格	单位	数量	备　注
埋地管	DN40	m	5.98	
明管	DN40	m	7.40	
	DN32	m	9.72	
	DN25	m	1.80	
	DN20	m	2.41	
	DN15	m	8.55	

2. 排水铸铁管

(1) $\frac{PL}{1}$ 系统：管径由 DN100、DN50 组成。

1）排水铸铁管 DN100。

① 立管：1.20m＋3.30m＝4.50m

【注释】

1.20m——室外埋地深。

② 水平管。

埋地部分：1.5m＋0.24m＋0.14m＝1.88m

【注释】

1.5m——室内外界线；

0.24m——墙厚；

0.14m——管中心离墙面距离。

横支管部分：0.9m×2＋0.93m－0.12－0.14m＝2.47m

【注释】

0.9m——大便器间距；

0.12m——半墙厚；

0.14m——管中心离墙距离。

总工程量：4.50m＋2.47m＋1.88m＝8.85m

2）排水铸铁管 DN50。

(0.4＋0.6＋0.57)m＋(0.68＋3.3－0.37－0.12－0.14)m＝4.92m

【注释】

(0.4＋0.6＋0.57)m——洗手盆至大便器一段 DN50 工程量；

(0.68＋3.3－0.37－0.12－0.14)m

　　　　　　——女卫生间内污水池一侧 DN50 工程量。

(2) $\frac{PL}{2}$ 系统：管径由 DN100、DN50 组成。

1）排水铸铁管 DN100。

① 立管：1.20m＋3.30m＝4.50m

【注释】

1.20m——室外埋地深。

② 水平管：

埋地部分：1.50m＋0.24m＋0.14m＝1.88m

【注释】

1.50m——室内外界线；

0.24m——墙厚；

0.14m——管中心离墙面距离。

横支管部分：0.9m×2＋0.93m－0.12m－0.14m＝2.47m

【注释】

0.9m——大便器间距；

0.12m——半墙厚；

0.14m——管中心离墙面距离。

总工程量：4.50＋2.47＋1.88＝8.85m

2）排水铸铁管 DN50。

$(0.4+0.6+0.57)m+(0.38m+1.3m+1.12m-0.12m-0.3m+3.3m-0.37m-0.12m-0.14m)=6.62m$

【注释】

(0.14＋0.6＋0.57)m——洗手盆至男卫生间大便器一段 DN50 工程量；

0.12m——半墙厚；

0.3m——支管离墙面距离；

0.14m——管中心离墙面距离。

排水铸铁管工程量总汇见表 3-2。

表 3-2　　　　　　　　　　排水铸铁管工程量总汇见表

项目	规格	单位	数量	备注
排水铸铁管	DN100	m	17.70	DN100、DN50 均为排水铸铁管水泥接口
	DN50	m	11.54	

2. 卫生器具安装

（1）蹲式大便器瓷高水箱钢管镶接 6 组（男、女卫生间各 3 组）。

（2）小便槽冲洗管制作安装 2m。

（3）白瓷洗手盆 2 组。

（4）地漏 DN50 5 个。

（5）DN50 排水栓（带存水弯）2 组。

3. DN40 水表

DN40 水表 2 组。

4. 阀门、水嘴安装

（1）DN40 阀门 2 个。

(2) DN15 水龙头 1 个（女卫生间污水池处）。

(3) DN20 水龙头 1 个（男卫生间污水池处）。

二、定额工程量计算

1. 管道安装

管道安装工程量计算同清单工程量计算。

2. 卫生器具安装

卫生器具安装工程量计算同清单工程量。

3. 刷油工程量

(1) 镀锌钢管。

埋地管刷沥青二度，每度工程量：

DN40mm 管：$5.98m \times 0.15m^2/m = 0.90m^2$

明管刷两道银粉，每道工程量：

DN40mm 管：$7.40m \times 0.15m^2/m = 1.11m^2$

DN32mm 管：$9.72m \times 0.13m^2/m = 1.26m^2$

DN25mm 管：$1.80m \times 0.11m^2/m = 0.20m^2$

DN20mm 管：$2.41m \times 0.084m^2/m = 0.20m^2$

DN15mm 管：$8.55m \times 0.08m^2/m = 0.68m^2$

(2) 铸铁排水管。铸铁排水管的表面积，可根据管壁厚度按实际计算，一般习惯上是将焊接钢管表面积乘系数 1.2，即为铸铁管表面积（包括承口部分）。

铸铁管刷沥青两遍。

DN100mm 管：$17.70m \times 0.36m^2/m \times 1.2 = 7.65m^2$

DN50mm 管：$11.54m \times 0.19m^2/m \times 1.2 = 2.63m^2$

(3) 管道刷油汇总：

管道刷沥青第一遍和第二遍均为 $(0.90 + 7.65 + 2.63)m^2 = 11.18m^2$

管道刷银粉第一遍和第二遍均为 $(1.11 + 1.26 + 0.2 + 0.2 + 0.68)m^2 = 3.45m^2$

三、施工图预算表

施工图预算见表 3-3。

四、分部分项工程和单价措施项目清单与计价表

分部分项工程和单价措施项目清单与计价见表 3-4。

表 3-3 　　　　　　　　　　　　施工图预算表

工程名称：某办公楼卫生间给水排水工程

序号	定额编号	分项工程名称	定额单位	工程量	基价（元）	人工费（元）	材料费（元）	机械费（元）	合价（元）
						其中：			
1	8-91	镀锌钢管安装（埋地）DN40	10m	0.60	93.85	60.84	31.98	1.03	56.31
2	8-91	镀锌钢管安装 DN40	10m	0.74	93.85	60.84	31.98	1.03	69.45
3	8-90	镀锌钢管安装 DN32	10m	0.97	86.16	51.08	31.40	1.03	83.58
4	8-89	镀锌钢管安装 DN25	10m	0.18	83.51	51.08	31.40	1.03	15.03
5	8-88	镀锌钢管安装 DN20	10m	0.24	66.72	42.49	24.23	—	16.01
6	8-87	镀锌钢管安装 DN15	10m	0.86	65.45	42.49	22.96		56.29
7	8-146	铸铁管安装 DN100	10m	1.77	357.39	80.34	277.05	—	632.58
8	8-144	铸铁管安装 DN50	10m	1.15	133.41	52.01	81.40		153.42
9	11-66	管道刷沥青第一遍	10m²	1.12	8.04	6.5	1.54		9.00
10	11-67	管道刷沥青第二遍	10m²	1.12	7.64	6.27	1.37		8.56
11	11-56	管道刷银粉第一遍	10m²	0.35	11.31	6.5	4.81		3.96
12	11-57	管道刷银粉第二遍	10m²	0.35	10.64	6.27	4.37		3.72
13	8-407	蹲式大便器（瓷高水箱）	10组	0.6	1033.39	224.31	809.08	—	620.03
14	8-456	小便槽冲洗管制安	10m	0.2	246.24	150.70	83.06	12.48	49.25
15	8-390	洗手盆（冷水）	10组	0.2	348.58	60.37	288.21	—	69.72
16	8-447	地漏 DN50	10个	0.5	55.88	37.15	18.73		27.94
17	8-443	排水栓（带存水弯）DN50	10组	0.2	121.41	44.12	77.29	—	24.28
18	8-361	螺纹水表 DN40	组	2	37.83	15.79	22.04		75.66
19	8-245	螺纹阀门 DN40	个	2	13.22	5.80	7.42		26.44
20	8-438	水龙头 DN15	10套	0.1	7.48	6.50	0.98	—	0.75
21	8-439	水龙头 DN20	10套	0.1	7.48	6.50	0.98	—	0.75
		合　计							2002.73

表 3-4 　　　　分部分项工程和单价措施项目清单与计价表

工程名称：某办公楼卫生间给水排水工程　　　标段：　　　　　　　　　第　页　共　页

序号	项目编码	项目名称	项目特征描述	计量单位	工程量	综合单价	合价	暂估价
						金额（元）		其中
1	031001001001	镀锌钢管 DN40	给水系统，螺纹连接，埋地，刷沥青二度	m	5.98	41.58	248.65	—

68

序号	项目编码	项目名称	项目特征描述	计量单位	工程量	金额（元）		
						综合单价	合价	其中
								暂估价
2	031001001002	镀锌钢管DN40	给水系统，螺纹连接，刷两遍银粉漆	m	7.40	41.68	308.43	—
3	031001001003	镀锌钢管DN32	给水系统，螺纹连接，刷两遍银粉漆	m	9.72	35.42	344.28	—
4	031001001004	镀锌钢管DN25	给水系统，螺纹连接，刷两遍银粉漆	m	1.80	31.62	56.92	—
5	031001001005	镀锌钢管DN20	给水系统，螺纹连接，刷两遍银粉漆	m	2.41	24.12	58.13	—
6	031001001006	镀锌钢管DN15	给水系统，螺纹连接，刷两遍银粉漆	m	8.55	22.18	189.64	—
7	031001005001	承插铸铁管DN100	排水系统，水泥接口，刷沥青二度	m	17.70	94.05	1664.68	—
8	031001005002	承插铸铁管DN50	排水系统，水泥接口，刷沥青二度	m	11.54	43.75	504.88	—
9	031004006001	大便器	蹲式，瓷高水箱	组	6	238.32	1429.92	—
10	031004015001	小便槽冲洗管	镀锌钢管 DN15	m	2	57.09	114.18	—
11	031004003001	洗手盆	冷水	组	2	86.95	173.90	—
12	031004014001	地漏	DN50，铸铁	个	5	26.49	132.45	—
13	031004008001	排水栓	带存水弯，DN50	组	2	25.64	51.28	—
14	031003013001	水表	螺纹水表 DN40	组	2	82.64	165.28	—
15	031004008001	阀门	螺纹阀门 DN40	组	2	46.92	93.84	—
16	030901010001	水龙头	DN15，铜水龙头	套	1	11.44	11.44	—
17	030901010002	水龙头	DN20，铜水龙头	个	1	13.26	13.26	—
		合　计					5561.27	—

五、工程量清单综合单价分析

分部分项工程量清单综合单价分析见表 3-5～表 3-21。

表 3-5 工程量清单综合单价分析

工程名称：某办公楼卫生间给水排水工程　　标段：　　　　　第　页　共　页

项目编码	031001001001	项目名称	镀锌钢管安装（埋地）DN40	计量单位	m	工程量	5.98

清单综合单价组成明细

定额编号	定额名称	定额单位	数量	单价（元）				合价（元）			
				人工费	材料费	机械费	管理费和利润	人工费	材料费	机械费	管理费和利润
8-91	镀锌钢管 DN40	10m	0.1	60.84	31.98	1.03	131.05	6.08	3.20	0.10	13.11
11-66	管道刷沥青第一遍	10m²	0.015	6.5	1.54	—	14.00	0.10	0.02	—	0.21
11-67	管道刷沥青第二遍	10m²	0.015	6.27	1.37	—	13.51	0.09	0.02	—	0.20
人工单价	小　计							6.27	3.24	0.10	13.52
23.22 元/工日	未计价材料费								18.45		
	清单项目综合单价								41.58		

材料费明细	主要材料名称、规格、型号	单位	数量	单价（元）	合价（元）	暂估单价（元）	暂估合价（元）
	镀锌钢管 DN40	m	1.02	18.09	18.45	—	—
	其他材料费			—	18.45	—	—
	材料费小计			—	18.45	—	—

注：管理费及利润均以人工费为取费基数，其中管理费费率为 155.4%，利润率为 60%。

表 3-6

工程量清单综合单价分析

工程名称：某办公楼卫生间给水排水工程　　标段：

项目编码	031001001002	项目名称	镀锌钢管安装 DN40	计量单位	m	工程量	7.40

清单综合单价组成明细

定额编号	定额名称	定额单位	数量	单价（元）				合价（元）			
				人工费	材料费	机械费	管理费和利润	人工费	材料费	机械费	管理费和利润
8-91	镀锌钢管 DN40	10m	0.1	60.84	31.98	1.03	131.05	6.08	3.20	0.10	13.11
11-56	管道刷银粉第一遍	10m²	0.015	6.5	4.81	—	14.00	0.10	0.07	—	0.21
11-57	管道刷银粉第二遍	10m²	0.015	6.27	4.37	—	13.51	0.09	0.07	—	0.20
人工单价	小 计							6.27	3.34	0.10	13.52
23.22元/工日	未计价材料费								18.45		
	清单项目综合单价								41.68		

材料费明细	主要材料名称、规格、型号	单位	数量	单价（元）	合价（元）	暂估单价（元）	暂估合价（元）
	镀锌钢管 DN40	m	1.02	18.09	18.45	—	—
	其他材料费			—		—	—
	材料费小计			—	18.45	—	—

表 3-7

工程量清单综合单价分析

工程名称：某办公楼卫生间给水排水工程　　　　　　　　　　标段：　　　　　　　　　　　第　页　共　页

| 项目编码 | 031001001003 | 项目名称 | 镀锌钢管安装 DN32 | | | 计量单位 | m | 工程量 | | 9.72 |

清单综合单价组成明细

定额编号	定额名称	定额单位	数量	单价（元）				合价（元）			
				人工费	材料费	机械费	管理费和利润	人工费	材料费	机械费	管理费和利润
8-90	镀锌钢管 DN32	10m	0.1	51.08	34.05	1.03	110.03	5.11	3.41	0.10	11.00
11-56	管道刷银粉第一遍	10m²	0.013	6.5	4.81	—	14.00	0.08	0.06	—	0.18
11-57	管道刷银粉第二遍	10m²	0.013	6.27	4.37	—	13.51	0.08	0.06	—	0.18
人工单价		小　计						5.27	3.53	0.10	11.36
23.22 元/工日		未计价材料费							15.16		
清单项目综合单价									35.42		

材料费明细	主要材料名称、规格、型号		单位	数量	单价（元）	合价（元）	暂估单价（元）	暂估合价（元）
	镀锌钢管 DN32		m	1.02	14.86	15.16	—	—
	其他材料费				—		—	
	材料费小计				—	15.16	—	

72

表 3-8

工程量清单综合单价分析

工程名称：某办公楼卫生间给水排水工程　　　　　标段：　　　　　

项目编码	031001001004	项目名称	镀锌钢管安装 DN25	计量单位	m	工程量	1.80

清单综合单价组成明细

定额编号	定额名称	定额单位	数量	单价（元）				合价（元）			
				人工费	材料费	机械费	管理费利润	人工费	材料费	机械费	管理费利润
8-89	镀锌钢管 DN25	10m	0.1	51.08	31.40	1.03	110.03	5.11	3.14	0.10	11.00
11-56	管道刷银粉第一遍	10m²	0.011	6.5	4.81	—	14.00	0.07	0.05	—	0.15
11-57	管道刷银粉第二遍	10m²	0.011	6.27	4.37	—	13.51	0.07	0.05	—	0.15
人工单价	小　计							5.25	3.24	0.10	11.30
23.22 元/工日	未计价材料费							11.73			
	清单项目综合单价							31.62			

材料费明细	主要材料名称、规格、型号	单位	数量	单价（元）	合价（元）	暂估单价（元）	暂估合价（元）
	镀锌钢管 DN25	m	1.02	11.50	11.73	—	—
	其他材料费			—	—	—	—
	材料费小计			—	11.73	—	11.73

表3-9

工程量清单综合单价分析

工程名称：某办公楼卫生间给水排水工程				标段：						第 页 共 页	
项目编码 031001001005		项目名称	镀锌钢管安装DN20		计量单位 m		工程量 2.41				

清单综合单价组成明细

定额编号	定额名称	定额单位	数量	单价（元）				合价（元）			
				人工费	材料费	机械费	管理费和利润	人工费	材料费	机械费	管理费和利润
8-88	镀锌钢管DN20	10m	0.1	42.49	24.23	—	91.52	4.25	2.42	—	9.15
11-56	管道刷银粉第一遍	10m²	0.0084	6.5	4.81	—	14.00	0.05	0.04	—	0.12
11-57	管道刷银粉第二遍	10m²	0.0084	6.27	4.37	—	13.51	0.05	0.04	—	0.11
人工单价	小　计							4.35	2.50	—	9.38
23.22元/工日	未计价材料费								7.89		
清单项目综合单价								24.12			

材料费明细

	主要材料名称、规格、型号	单位	数量	单价（元）	合价（元）	暂估单价（元）	暂估合价（元）
材料费明细	镀锌钢管 DN20	m	1.02	7.74	7.89	—	—
	其他材料费			—		—	
	材料费小计			—	7.89	—	—

74

表 3-10

工程量清单综合单价分析

工程名称：某办公楼卫生间给水排水工程　　　　标段：

| 项目编码 | 031001001006 | 项目名称 | | 镀锌钢管安装 DN15 | | | 计量单位 | | m | 工程量 | | 8.55 |

清单综合单价组成明细

定额编号	定额名称	定额单位	数量	单价（元）				合价（元）			
				人工费	材料费	机械费	管理费和利润	人工费	材料费	机械费	管理费和利润
8-87	镀锌钢管 DN15	10m	0.1	42.49	22.96	—	91.52	4.25	2.30	—	9.15
11-56	管道刷银粉第一遍	10m²	0.008	6.50	4.81	—	14.00	0.05	0.04	—	0.11
11-57	管道刷银粉第二遍	10m²	0.008	6.27	4.37	—	13.51	0.05	0.03	—	0.11
人工单价		小　计						4.35	2.37		9.37
23.22元/工日		未计价材料费							6.09		
		清单项目综合单价							22.18		

材料费明细	主要材料名称、规格、型号		单位	数量	单价（元）	合价（元）	暂估单价（元）	暂估合价（元）
	镀锌钢管 DN15		m	1.02	5.97	6.09	—	—
	其他材料费				—		—	
	材料费小计				—	6.09	—	

75

工程量清单综合单价分析

表 3-11

工程名称：某办公楼卫生间给水排水工程 项目编码：031001005001 项目名称：承插铸铁管安装 DN100 计量单位：m 工程量：17.70 第 页 共 页

标段：

清单综合单价组成明细

定额编号	定额名称	定额单位	数量	单价（元）				合价（元）			
				人工费	材料费	机械费	管理费和利润	人工费	材料费	机械费	管理费和利润
8-146	铸铁管 DN100	10m	0.1	80.34	277.05	—	173.05	8.03	27.71	—	17.31
11-66	管道刷沥青第一遍	10m²	0.043	6.5	1.54	—	14.00	0.28	0.07	—	0.60
11-67	管道刷沥青第二遍	10m²	0.043	6.27	1.37	—	13.51	0.27	0.06	—	0.58
人工单价	小 计							8.58	27.83	—	18.48
23.22元/工日	未计价材料费								39.16		
	清单项目综合单价								94.05		

材料费明细	主要材料名称、规格、型号	单位	数量	单价（元）	合价（元）	暂估单价（元）	暂估合价（元）
	承插铸铁管 DN100	m	0.89	44.00	39.16	—	—
	其他材料费			—		—	
	材料费小计			—	39.16	—	

表3-12

工程量清单综合单价分析

工程名称：某办公楼卫生间给水排水工程　　标段：　　　　　　　第　页　共　页

| 项目编码 | 031001005002 | 项目名称 | 承插铸铁管安装DN50 | | 计量单位 | m | | 工程量 | |

清单综合单价组成明细

定额编号	定额名称	定额单位	数量	单价（元）				合价（元）			
				人工费	材料费	机械费	管理费和利润	人工费	材料费	机械费	管理费和利润
8-144	铸铁管DN50	10m	0.1	52.01	81.40	—	112.03	5.20	8.14	—	11.20
11-66	管道刷沥青第一遍	10m²	0.023	6.5	1.54	—	14.00	0.15	0.04	—	0.32
11-67	管道刷沥青第二遍	10m²	0.023	6.27	1.37	—	13.51	0.14	0.03	—	0.31
人工单价	小计							5.49	8.21		11.83
23.22元/工日	未计价材料费								18.22		
	清单项目综合单价								43.75		

材料费明细	主要材料名称、规格、型号	单位	数量	单价（元）	合价（元）	暂估单价（元）	暂估合价（元）
	承插铸铁管DN50	m	0.88	20.70	8.22	—	—
	其他材料费			—	18.22	—	
	材料费小计			—	18.22	—	

77

表3-13

工程量清单综合单价分析

工程名称：某办公楼卫生间给水排水工程　　　标段：

项目编码	03100400 6001	项目名称	大便器安装	计量单位	组	工程量	6

清单综合单价组成明细

定额编号	定额名称	定额单位	数量	单价（元）				合价（元）			
				人工费	材料费	机械费	管理费和利润	人工费	材料费	机械费	管理费和利润
8-407	瓷高水箱蹲便器	10套	0.1	224.31	809.08	—	483.16	22.43	80.91	—	48.32
人工单价		小 计						22.43	80.91		48.32
23.22元/工日		未计价材料费						238.32			
		清单项目综合单价						86.66			

材料费明细	主要材料名称、规格、型号	单位	数量	单价（元）	合价（元）	暂估单价（元）	暂估合价（元）
	蹲便器（小规格带S弯，不含水箱）	个	1.01	35.00	35.35	—	—
	高水箱（唐山）	个	1.01	23.50	23.74	—	—
	高水箱配件	个	1.01	27.30	27.57	—	—
	其他材料费			—		—	
	材料费小计			—	86.66	—	

工程量清单综合单价分析

表 3-14

工程名称：某办公楼卫生间给水排水工程　　标段：　　第　页　共　页

项目编码	031004015001	项目名称	小便槽冲洗管制作安装	计量单位	m	工程量	2

清单综合单价组成明细

定额编号	定额名称	定额单位	数量	单价（元）				合价（元）			
				人工费	材料费	机械费	管理费和利润	人工费	材料费	机械费	管理费和利润
8-456	小便槽冲洗管制作安装 DN15	10m	0.1	150.70	83.06	12.48	324.61	15.07	8.31	1.25	32.46
人工单价			小　计					15.07	8.31	1.25	32.46
23.22 元/工日			未计价材料费								
	清单项目综合单价							57.09			

材料费明细	主要材料名称、规格、型号	单位	数量	单价（元）	合价（元）	暂估单价（元）	暂估合价（元）
	其他材料费			—		—	
	材料费小计			—		—	

79

表 3-15

工程量清单综合单价分析

工程名称：某办公楼卫生间给水排水工程　　　　标段：　　　　第　页　共　2　页

| 项目编码 | 031004003001 | 项目名称 | 洗手盆安装 | 计量单位 | 组 | 工程量 | |

清单综合单价组成明细

定额编号	定额名称	定额单位	数量	单价（元）				合价（元）			
				人工费	材料费	机械费	管理费和利润	人工费	材料费	机械费	管理费和利润
8-390	冷水洗手盆	10组	0.1	60.37	288.21	—	130.04	6.04	28.82	—	13.00
人工单价		小计						6.04	28.82	—	13.00
23.22 元/工日		未计价材料费						39.09			
		清单项目综合单价						86.95			

材料费明细	主要材料名称、规格、型号	单位	数量	单价（元）	合价（元）	暂估单价（元）	暂估合价（元）
	洗手盆	个	1.01	38.70	39.09	—	—
	其他材料费			—	39.09	—	—
	材料费小计			—	39.09	—	

表 3-16
工程名称：某办公楼卫生间给水排水工程

工程量清单综合单价分析

标段：　　　　　　　　　　　　　　　　　　　　　　　第 页 共 5 页

| 项目编码 | 03100401400 1 | 项目名称 | 地漏安装 | 计量单位 | 个 | 工程量 | |

清单综合单价组成明细

定额号	定额名称	定额单位	数量	单价（元）				合价（元）			
				人工费	材料费	机械费	管理费利润	人工费	材料费	机械费	管理费利润
8-447	地漏 DN50	10个	0.1	37.15	8.73	—	80.02	3.72	0.87	—	8.00
人工单价	小　计							3.72	0.87	—	8.00
23.22 元/工日	未计价材料费								13.90		
	清单项目综合单价								26.49		

材料费明细	主要材料名称、规格、型号	单位	数量	单价（元）	合价（元）	暂估单价（元）	暂估合价（元）
	铸铁地漏 DN50	个	1	13.90	13.90	—	—
	其他材料费			—		—	
	材料费小计			—	13.90		—

表 3-17

工程量清单综合单价分析

工程名称：某办公楼卫生间给水排水工程 　　　　标段：　　　　　　　第　页　共　页　2

项目编码	031004008001	项目名称	排水栓安装	计量单位	组	工程量	2

清单综合单价组成明细

定额编号	定额名称	定额单位	数量	单价（元）				合价（元）			
				人工费	材料费	机械费	管理费和利润	人工费	材料费	机械费	管理费和利润
8-443	排水栓（带存水弯）DN50	10组	0.1	44.12	77.29	—	95.03	4.41	7.73	—	9.50
人工单价		小　计						4.41	7.73	—	9.50
23.22 元/工日		未计价材料费							4.00		
清单项目综合单价									25.64		

材料费明细	主要材料名称、规格、型号		单位	数量	单价（元）	合价（元）	暂估单价（元）	暂估合价（元）
	铝排水栓		个	1	4.00	4.00	—	—
	其他材料费				—		—	—
	材料费小计				—	4.00	—	4.00

82

表 3-18

工程量清单综合单价分析

工程名称：某办公楼卫生间给水排水工程　　　　　　　　标段：　　　　　　　　　　　　　　　　第　页　共　页

项目编码	031003013001	项目名称	水表安装	计量单位	组	工程量	2

清单综合单价组成明细

定额编号	定额名称	定额单位	数量	单价（元）				合价（元）			
				人工费	材料费	机械费	管理费利润	人工费	材料费	机械费	管理费和利润
8-361	螺纹水表安装 DN40	组	1	15.79	22.04	—	34.01	15.79	22.04	—	34.01
人工单价			小　计					15.79	22.04	—	34.01
23.22 元/工日			未计价材料费						10.80		
			清单项目综合单价						82.64		

材料费明细	主要材料名称、规格、型号		单位	数量	单价（元）	合价（元）	暂估单价（元）	暂估合价（元）
	螺纹水表 DN40		个	1	10.80	10.80	—	—
	其他材料费				—		—	
	材料费小计				—	10.80	—	

表 3-19

工程名称：某办公楼卫生间给水排水工程

工程量清单综合单价分析

项目编码	031004008001		项目名称		阀门安装		计量单位	组		工程量		2

标段：

清单综合单价组成明细

定额编号	定额名称	定额单位	数量	单价（元）				合价（元）			
				人工费	材料费	机械费	管理费和利润	人工费	材料费	机械费	管理费和利润
8-245	螺纹阀门 DN40	个	1	5.80	7.42	—	12.49	5.80	7.42	—	12.49
人工单价		小 计						5.80	7.42	—	12.49
23.22元/工日		未计价材料费							21.21		
		清单项目综合单价							46.92		

材料费明细	主要材料名称、规格、型号	单位	数量	单价（元）	合价（元）	暂估单价（元）	暂估合价（元）
	螺纹阀门 DN40	个	1.01	21.00	21.21	—	—
						—	—
	其他材料费			—		—	—
	材料费小计			—	21.21	—	—

表 3-20

工程量清单综合单价分析

工程名称：某办公楼卫生间给水排水工程　　标段：　　　　　　　　　第 页 共 页

项目编码	030901010001	项目名称	水龙头安装		计量单位	套	工程量	1

清单综合单价组成明细

定额编号	定额名称	定额单位	数量	单价（元）				合价（元）			
				人工费	材料费	机械费	管理费和利润	人工费	材料费	机械费	管理费和利润
8-438	水龙头 DN15	10套	0.1	6.50	0.98	—	14.00	0.65	0.10	—	1.40
人工单价			小　计					0.65	0.10	—	1.40
23.22 元/工日			未计价材料费					9.29			
清单项目综合单价								11.44			

材料费明细	主要材料名称、规格、型号	单位	数量	单价（元）	合价（元）	暂估单价（元）	暂估合价（元）
	铜水龙头 DN15	套	1.01	9.20	9.29	—	—
	其他材料费				—	—	
	材料费小计				—	9.29	—

表 3-21

工程量清单综合单价分析

工程名称：某办公楼卫生间给水排水工程　　标段：　　　　　　　　　第 页 共 页

项目编码	030901010002	项目名称	水龙头安装		计量单位	套	工程量	1

清单综合单价组成明细

定额编号	定额名称	定额单位	数量	单价（元）				合价（元）			
				人工费	材料费	机械费	管理费和利润	人工费	材料费	机械费	管理费和利润
8-439	水龙头 DN20	10套	0.1	6.50	0.98	—	14.00	0.65	0.10	—	1.40
人工单价			小　计					0.65	0.10	—	1.40
23.22 元/工日			未计价材料费					11.11			
清单项目综合单价								13.26			

材料费明细	主要材料名称、规格、型号	单位	数量	单价（元）	合价（元）	暂估单价（元）	暂估合价（元）
	铜水龙头 DN20mm	套	1.01	11.00	11.11	—	—
	其他材料费				—	—	
	材料费小计				—	11.11	—

六、投标报价（投标报价所需表格见表 3-22～表 3-28）

_____某办公楼卫生间给水排水_____工程

投 标 总 价

投 标 人：_____××安装公司_____

（单位盖章）

××××年××月××日

投 标 总 价

招 标 人：_____×××_____

工程名称：_____某办公楼卫生间给水排水工程_____

投标总价(小写)：_____7873_____

（大写）：_____柒仟捌佰柒拾叁_____

投 标 人：_____××安装公司_____

（单位盖章）

法定代表人

或其授权人：_____×××_____

（签字或盖章）

编制人：_____×××_____

（造价人员签字盖专用章）

时间：××××年××月××日

表 3-22　　　　　　　　　　　　　　　**总　说　明**

工程名称：某办公楼卫生间给水排水工程　　　　　　　　　　　　　第　页　共　页

1. 工程概况

本设计为某办公楼卫生间给水排水工程设计。其中该卫生间教学楼有两个相同的单元组成，图中只表示出了其中的一个单元。卫生间内设蹲式大便器瓷高水箱钢管镶接 6 组（男、女卫生间各 3 组）小便槽冲洗管制安装，白瓷洗手盆 2 组，DN50 地漏 5 个，DN50 排水栓（带存水弯）DN40 水表两组，DN40 阀门 2 个。DN15 水龙头 1 个（女卫生间污水池处）DN20 水龙头 1 个（男卫生间污水池处）。

2. 投标控制价包括范围

为本次招标的办公楼卫生间给水排水工程。

3. 投标控制价编制依据

（1）招标文件及其所提供的工程量清单和有关计价的要求，招标文件的补充通知和答疑纪要。

（2）该某办公楼卫生间给水排水施工图及投标施工组织设计。

（3）有关的技术标准，规范和安全管理规定。

（4）省建设主管部门颁发的计价定额和计价管理办法及有关计价文件。

（5）材料价格采用工程所在地工程造价管理机构年月工程造价信息发布的价格信息，对于造价信息没有发布的材料，其价格参照市场价。

表 3-23

建设项目投标报价汇总表

工程名称：某办公楼卫生间给水排水工程　　　　标段　　　　　　　第　页　共　页

序号	单项工程名称	金额（元）	其中：		
			暂估价（元）	安全文明施工费（元）	规费（元）
1	某办公楼卫生间给水排水工程	7872.49			
	合计	7872.49			

注：本表适用于建设项目招标控制价或投标报价的汇总。

表 3-24　　　　　　　　　　单项工程投标报价汇总表

工程名称：某办公楼卫生间给水排水工程　　　标段　　　　　　　　第　页　共　页

序号	单项工程名称	金额（元）	其中：		
			暂估价（元）	安全文明施工费（元）	规费（元）
1	某办公楼卫生间给水排水工程	7872.49			
	合计	7872.49			

注：本表适用于单项工程招标控制价或投标报价的汇总。暂估价包括分部分项工程中的暂估价和专业工程暂估价。

表 3-25   **单位工程投标报价汇总表**

工程名称：某办公楼卫生间给水排水工程　　　　标段：　　　　　　　第 页 共 页

序号	汇总内容	金额（元）	其中：暂估价（元）
1	分部分项工程	5561.27	
1.1	某办公楼卫生间给水排水工程	5561.27	
1.2			
1.3			
1.4			
1.5			
2	措施项目	109.96	—
2.1	其中：安全文明施工费	70.24	—
3	其他项目	1556.13	—
3.1	其中：暂列金额	556.13	—
3.2	其中：专业工程暂估价	1000	—
3.3	其中：计日工	—	—
3.4	其中：总承包服务费	—	—
4	规费	380.75	—
5	税金	264.38	—
	合计＝1＋2＋3＋4＋5	7872.49	

表 3-26			总价措施项目清单与计价表					

工程名称：某办公楼卫生间给水排水工程　　　　　　标段：　　　　　　第　页　共　页

序号	项目编码	项目名称	计算基础	费率（％）	金额（元）	调整费率（％）	调整后金额（元）	备注
1		安全文明施工费	定额人工费（656.47）	10.7	70.24			
2		夜间施工增加费	定额人工费（656.47）	0.05	0.33			
3		二次搬运费	定额人工费（656.47）	0.7	4.60			
4		冬雨季施工增加费	定额人工费（656.47）	1.6	10.50			
5		缩短工期增加费	定额人工费（656.47）	3.5	22.98			
6		已完工程及设备保护费	定额人工费（656.47）	0.2	1.31			
合计					109.96			

编制人（造价人员）：　　　　　　　　　　　　复核人（造价工程师）：

注：1. "计算基础"中安全文明施工费可为"定额基价""定额人工费"或"定额人工费＋定额机械费"，
　　　其他项目可为"定额人工费"或"定额人工费＋定额机械费"。
　　2. 按施工方案计算的措施费，若无"计算基础"和"费率"的数值，也可只填"金额"数值，但应
　　　在备注栏说明施工方案出处或计算方法。
　　3. 本工程在计算式所采用的费率为《建设工程费用定额汇编》中的安徽省建设工程计价费用定额
　　　（2005）安装工程。

表 3-27 **其他项目清单与计价汇总表**

工程名称：某办公楼卫生间给水排水工程　　　标段：　　　　　　　第 页 共 页

序号	项 目 名 称	金额（元）	结算金额（元）	备 注
1	暂列金额	556.13		一般为分部分项工程的 10%
2	暂估价	1000		
2.1	材料（工程设备）暂估价/结算价	—		
2.2	专业工程暂估价/结算价	1000		
3	计日工	—		
4	总承包服务费	—		
5	索赔与现场签证	—		
	合计	1556.13 10187.22		—

注：1. 材料（工程设备）暂估单价计入清单项目综合单价，此处不汇总。
　　2. 本工程在计算时所采用的费率为《建设工程费用定额汇编》中的安徽省建设工程计价费用定额
　　　（2005）安装工程。

表 3-28

规费、税金项目计价表

工程名称：某办公楼卫生间给水排水工程　　　　　　标段：　　　　　第 页 共 页

序号	项目名称	计 算 基 础	计算基数	计算费率（%）	金额（元）
1	规费	定额人工费	656.47	58	380.75
1.1	社会保险费	定额人工费			
(1)	养老保险费	定额人工费	656.47	30	196.94
(2)	失业保险费	定额人工费	656.47	3	19.69
(3)	医疗保险费	定额人工费	656.47	10	65.65
(4)	工伤保险费	定额人工费			
(5)	生育保险费	定额人工费			
1.2	住房公积金	定额人工费	656.47	15	98.47
1.3	工程排污费	按工程所在地环境保护部门收取标准，按实计入			
2	税金	分部分项工程费＋措施项目费＋其他项目费＋规费－按规定不计税的工程设备金额	7608.11	3.475	264.38
	合计				645.13

编制人（造价人员）：　　　　　　　　　　　复核人（造价工程师）：

第四章　某两层商业楼卫生间给水排水工程预算

某两层商业楼卫生间布置如图4-1～图4-6所示，女卫生间内设蹲式大便器8组，拖布池1个，地漏1个，男卫生间内设蹲式大便器4组，小便器3组，拖布池1个，地漏1个，卫生间外设洗脸盆2个，地漏1个，给水排水系统图已给出。

说明：本题在计算过程中只考虑了立管和横干管的工程量，而未考虑支管的工程量，在施工计算时，这些都得考虑到，本题只是告诉大家工程量的计算方法及怎样套定额和清单。

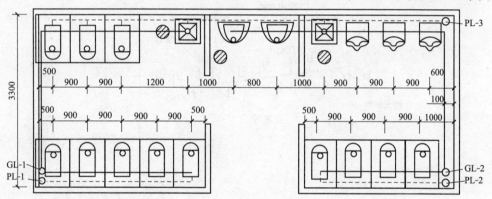

图 4-1　卫生间平面图

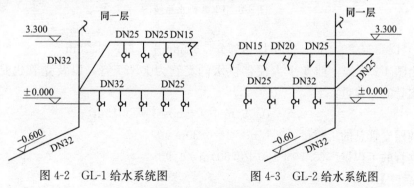

图 4-2　GL-1 给水系统图　　　图 4-3　GL-2 给水系统图

一、清单工程量计算

1. 管道系统

（1）给水系统。

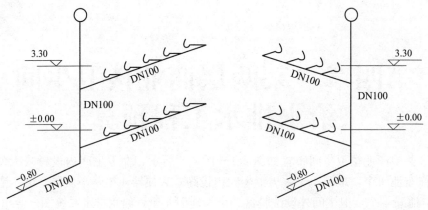

图 4-4　PL-1 排水系统图　　　　　图 4-5　PL-2 排水系统图

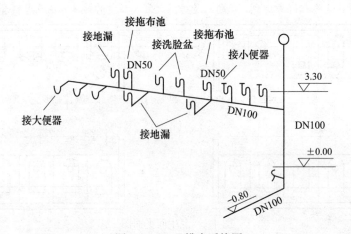

图 4-6　PL-3 排水系统图

1）DN32：25.18m，其中埋地部分：3.58m+1.2m=4.78m

由图 4-2 可知，前 4 个大便器供水的支管为 DN32 管，以及立管也是 DN32 管，支管的工程量：

$$(0.5-0.05)m+0.9m×3 = 3.15m$$

两层支管总的工程量：3.15m×2=6.30m

立管的工程量：（3.30+1.0+0.60）m=4.9m

【注释】

3.30——两层楼支管之间立管的长度；

1.0——支管的安装高度；

0.60m——室内立管的埋深。DN32 的总工程量：（6.30+4.9）m=11.20m。

由图 4-3 可知，前 3 个大便器供水的支管为 DN32，立管也为 DN32，支管的工程量为

$$[(1.0-0.05)m+0.9m\times2]\times2=5.50m$$

【注释】

0.05——立管距墙壁的距离。

立管的工程量与 GL-1 相同，即 4.9m。

进户管工程量为

$$(1.5+0.24+0.05)m\times2=3.58m$$

故两根立管中 DN32 总的工程量为 （11.20+5.50+4.9+3.58)m=25.18m。

2）DN25。由图 4-2 可知，右边最末一个大便器供水的管为 DN25，工程量为 0.9m，为左边三个大便器供水的管也是 DN25，工程量为 （3.3-0.1×2+0.5-0.05+0.9×2)m=5.35m，故 GL-1 中 DN25 总工程量为 （0.9+5.35)m×2=12.5m，由图 4-3 可知，为下边最末一个大便器供水管为 DN25，工程量为 0.9m，为上边的小便器供水管也为 DN25，工程量为

$$3.30m-0.1m\times2+0.6m-0.1m+0.9m\times2=5.4m$$

故 GL-2 中 DN25 总的工程量为

$$(0.9+5.4)m\times2=12.6m$$

DN25 总工程量应为 GL-1 和 GL-2 之和，即 （12.5+12.6)m=25.1m

3）DN20。从给水系统图中看出 GL-2 中为左边第 1 个小便池和右边第 1 个洗脸盆之间供水的管为 DN20，工程量：(1.0+0.9)m=1.9m

两层支管的工程量相同，故 DN20 总的工程量为

$$1.9m\times2=3.8m$$

4）DN15。GL-1 中拖布池供水的为 DN15 管，工程量为 1.20m；GL-2 中为最后一个洗脸盆供水的管为 DN15，工程量为 0.8m，故 DN15 总的工程量为

$$(1.20+0.8)m\times2=4.0m$$

（2）排水系统。

1）DN100。从排水系统图中看出图中所有排水管均为 DN100，PL-1 中 DN100 的工程量为

$$(0.8+3.30)m+(0.5-0.1+0.9\times4)m\times2=12.10m$$

【注释】

(0.8+3.30)m ——立管部分长度。

(0.5-0.1+0.9×4)m×2

$$\text{——两层楼支管部分长度。}$$

PL-2 中 DN100 工程量为

$$(0.8+3.30)m+(0.9\times3+1.0-0.1)m\times2=11.3m$$

PL-3 中 DN100 工程量为

立管部分 (0.8+3.3)m=4.1m

支管部分 (0.9×2+1.2+1.0+0.8+1.0+0.9×3+0.6)m=9.1m

出户管工程量为 (1.5＋0.24＋0.1)×3m＝5.52m

故 DN100 总的工程量为

(12.1＋11.3＋4.1＋9.1×2＋5.52)m＝51.22m

镀锌钢管工程量见表 4-1，排水铸铁管工程量见表 4-2。

表 4-1　　　　　　　　　镀锌钢管工程量汇总表

规格	单位	数量	备注	规格	单位	数量	备注
DN32	m	4.78	埋地	DN20	m	3.8	明装
DN32	m	25.10	明装	DN15	m	4.0	明装
DN25	m	26.20	明装				

表 4-2　　　　　　　　　排水铸铁管工程量汇总表

规　格	单　位	数　量	备　注
DN100	m	51.22	水泥接口

2. 卫生器具安装

(1) 蹲式大便器（普通阀冲洗）安装 24 组

(2) 小便器（普通挂斗式）安装：3 组×2＝6 组

(3) 洗脸盆（普通冷水嘴）安装：2 组×2＝4 组

(4) DN15 水龙头安装：2 套×2＝4 套

(5) 地漏 DN15：3 组×2＝6 组

(6) 排水栓 DN50：4 组

二、定额工程量计算

1. 管道安装

管道安装工程量计算同清单工程量。

2. 卫生器具安装

卫生器具安装工程量计算同清单工程量。

3. 刷油工程量

(1) 镀锌钢管。

1) 埋地管刷沥青二度，每度的工程量为

DN32：4.78m×0.13m²/m＝0.62m²

2) 明管刷银粉两道，每道的工程量为

DN32：20.4m×0.13m²/m＝2.65m²

DN25：25.10m×0.11m²/m＝2.76m²

DN20：3.8m×0.084m²/m＝0.32m²

DN15：4.0m×0.08m²/m＝0.32m²

（2）排水铸铁管。排水铸铁管的表面积可根据管壁厚度按实际计算，一般是将焊接钢管表面积乘系数1.2，即为铸铁管表面积（包括承口部分）。

铸铁管刷沥青两遍，DN100：51.22m×0.36m²/m×1.2＝22.13m²

（3）刷油工程量汇总。

管道刷沥清第一遍与第二遍工程量相同，即

$$(0.62＋22.13)m² ＝ 22.75m²$$

管道刷银粉第一遍与第二遍工程量相同，即

$$(2.65＋2.76＋0.32＋0.32)m² ＝ 6.05m²$$

注：管道油漆工程量计算公式："管道长度（米）×每米油漆面积"，每米油漆面积可查表。

三、施工图预算表

施工图预算表见表4-3。

表 4-3　　　　　　　　　　　　　施工图预算表

工程名称：某两层商业楼卫生间给水排水工程

序号	定额编号	分项工程名称	定额单位	工程量	基价（元）	其中：			合价（元）
						人工费（元）	材料费（元）	机械费（元）	
1	8-90	镀锌钢管安装 DN32（埋地）	10m	0.48	86.16	51.08	34.05	1.03	41.36
2	8-90	镀锌钢管安装 DN32	10m	2.04	86.16	51.08	34.05	1.03	175.77
3	8-89	镀锌钢管安装 DN25	10m	2.51	83.51	51.08	31.40	1.03	209.61
4	8-88	镀锌钢管安装 DN20	10m	0.38	66.72	42.49	24.23	—	25.35
5	8-87	镀锌钢管安装 DN15	10m	0.40	65.45	42.49	22.96	—	26.18
6	8-146	铸铁管安装 DN100	10m	5.12	357.39	80.34	277.05	—	1829.84
7	11-66	管道刷沥青第一遍	10m²	2.28	8.04	6.50	1.54	—	18.33
8	11-67	管道刷沥青第二遍	10m²	2.28	7.64	6.27	1.37	—	17.42
9	11-56	管道刷银粉第一遍	10m²	0.61	11.31	6.50	4.81	—	6.90
10	11-57	管道刷银粉第二遍	10m²	0.61	10.64	6.27	4.37	—	6.49
11	8-409	蹲式大便器安装	10组	2.4	733.44	133.75	599.69	—	1760.26
12	8-418	挂斗式小便器安装	10组	0.6	432.33	78.02	354.31	—	259.40
13	8-382	洗脸盆（普通冷水嘴）	10组	0.4	576.23	109.60	466.63	—	230.49
14	8-438	水龙头（DN15）安装	10个	0.4	7.48	6.50	0.98	—	2.99
15	8-447	地漏 DN50	10组	0.6	55.88	37.15	18.73	—	33.53
16	8-443	排水栓 DN50	10组	0.4	121.41	44.12	77.29	—	48.56

四、分部分项工程和单价措施项目清单与计价表

分部分项工程和单价措施项目清单与计价见表 4-4。

表 4-4 　　　　　　　**分部分项工程和单价措施项目清单与计价表**

工程名称：某两层商业楼卫生间给水排水工程　　　　标段：　　　　　　第　页　共　页

序号	项目编码	项目名称	项目特征描述	计量单位	工程量	金额（元）		
						综合单价	合价	其中：暂估价
1	031001001001	镀锌钢管 DN32	埋地，给水系统，螺纹连接，刷沥青二度	m	4.78	35.34	168.93	
2	031001001002	镀锌钢管 DN32	给水系统，螺纹连接，刷银粉两遍	m	20.4	35.42	722.57	
3	031001001003	镀锌钢管 DN25	给水系统，螺纹连接，刷银粉两遍	m	25.10	31.63	793.91	
4	031001001004	镀锌钢管 DN20	给水系统，螺纹连接，刷银粉两遍	m	3.8	24.11	91.62	
5	031001001005	镀锌钢管 DN15	给水系统，螺纹连接，刷银粉两遍	m	4.0	22.18	88.72	
6	031001005001	承插铸铁管 DN100	排水系统，水泥接口，刷沥青二度	m	51.22	94.06	4817.81	
7	031004006001	大便器	蹲式、普通阀冲洗	组	24	157.70	3784.80	
8	031004007001	小便器	普通挂斗式	组	6	102.46	614.76	
9	031004003001	洗脸盆	普通冷水嘴	组	4	113.05	452.20	
10	030901010001	水龙头	DN15	套	4	4.77	19.08	
11	031004008001	地漏	DN50	组	6	27.49	164.94	
12	031004008001	排水栓	DN50	组	4	35.64	142.56	
		合　　计					11861.9	

五、工程量清单综合单价分析

工程量清单综合单价分析见表 4-5～表 4-16。

表4-5

工程名称：某两层商业楼卫生间给水排水工程

工程量清单综合单价分析

标段：　　　　　　　　　　　　　　　　　　　　　　　　　　第 页 共 页

项目编码	031001001001	项目名称	镀锌钢管DN32（埋地）	计量单位	m	工程量	4.78

清单综合单价组成明细

定额编号	定额名称	定额单位	数量	单价（元）				合价（元）			
				人工费	材料费	机械费	管理费和利润	人工费	材料费	机械费	管理费和利润
8-90	镀锌钢管DN32	10m	0.1	51.08	34.05	1.03	110.03	5.108	3.405	0.103	11.003
11-66	管道刷沥青第一遍	10m²	0.013	6.50	1.54	—	14.00	0.085	0.020	—	0.182
11-67	管道刷沥青第二遍	10m²	0.013	6.27	1.37	—	13.51	0.082	0.018	—	0.176
人工单价	小计							5.275	3.443	0.103	11.361
23.22元/工日	未计价材料费								15.16		
清单项目综合单价								35.34			

材料费明细	主要材料名称、规格、型号	单位	数量	单价（元）	合价（元）	暂估单价（元）	暂估合价（元）
	镀锌钢管 DN32	m	1.02	14.86	15.16	—	—
	其他材料费			—		—	
	材料费小计			—	15.16		—

表 4-6

工程名称：某两层商业楼卫生间给水排水工程

工程量清单综合单价分析

标段：

项目编码	031001001002	项目名称	镀锌钢管 DN32	计量单位	m	工程量	20.4

清单综合单价组成明细

定额编号	定额名称	定额单位	数量	单价（元）				合价（元）			
				人工费	材料费	机械费	管理费和利润	人工费	材料费	机械费	管理费和利润
8-90	镀锌钢管 DN32	10m	0.1	51.08	34.05	1.03	110.03	5.108	3.405	0.103	11.003
11-56	管道刷银粉第一遍	10m²	0.013	6.50	4.81	—	14.00	0.085	0.063	—	0.182
11-57	管道刷银粉第二遍	10m²	0.013	6.27	4.37	—	13.51	0.082	0.057	—	0.176
人工单价 23.22元/工日		小　计						5.275	3.525	0.103	11.361
		未计价材料费						15.16			
		清单项目综合单价						35.42			

材料费明细	主要材料名称、规格、型号	单位	数量	单价（元）	合价（元）	暂估单价（元）	暂估合价（元）
	镀锌钢管 DN32	m	1.02	—	15.16	—	
	其他材料费			—		—	
	材料费小计			—	15.16	—	

102

表 4-7

工程量清单综合单价分析

工程名称：某两层商业楼卫生间给水排水工程　　　标段：　　　　　　　　　　　　第　页　共　页

项目编码	031001001003	项目名称	镀锌钢管 DN25		计量单位	m	工程量	25.10

清单综合单价组成明细

定额编号	定额名称	定额单位	数量	单价（元）				合价（元）			
				人工费	材料费	机械费	管理费和利润	人工费	材料费	机械费	管理费和利润
8-89	镀锌钢管 DN25	10m	0.1	51.08	31.40	1.03	110.03	5.108	3.140	0.103	11.003
11-56	管道刷银粉第一遍	10m²	0.011	6.50	4.81	—	14.00	0.072	0.053	—	0.154
11-57	管道刷银粉第二遍	10m²	0.011	6.27	4.37	—	13.51	0.069	0.048	—	0.149
人工单价		小计						5.249	3.241	0.103	11.306
23.22 元/工日		未计价材料费						11.73			
	清单项目综合单价							31.63			

材料费明细	主要材料名称、规格、型号	单位	数量	单价（元）	合价（元）	暂估单价（元）	暂估合价（元）
	镀锌钢管 DN25	m	1.02	11.50	11.73	—	—
	其他材料费			—		—	
	材料费小计			—	11.73	—	

103

表4-8

工程量清单综合单价分析

工程名称：某两层商业楼卫生间给水排水工程　　　标段：　　　第 页 共 页

项目编码	031001001004	项目名称	镀锌钢管DN20	计量单位	m	工程量	3.8

清单综合单价组成明细

定额编号	定额名称	定额单位	数量	单价（元）				合价（元）			
				人工费	材料费	机械费	管理费和利润	人工费	材料费	机械费	管理费和利润
8-88	镀锌钢管DN20	10m	0.1	42.49	24.23	—	91.52	4.249	2.423	—	9.152
11-56	管道刷银粉第一遍	10m²	0.008	6.50	4.81	—	14.00	0.052	0.038	—	0.112
11-57	管道刷银粉第二遍	10m²	0.008	6.27	4.37	—	13.51	0.050	0.035	—	0.108
人工单价	小 计							4.351	2.496	—	9.372
23.22元/工日	未计价材料费							7.89			
	清单项目综合单价							24.11			

材料费明细	主要材料名称、规格、型号	单位	数量	单价（元）	合价（元）	暂估单价（元）	暂估合价（元）
	镀锌钢管 DN20	m	1.02	7.74	7.89	—	—
	其他材料费			—		—	
	材料费小计				7.89		7.89

表 4-9

工程量清单综合单价分析

工程名称：某两层商业楼卫生间给水排水工程　　　　标段：　　　　　　　　　　　　　第　页　共　页

| 项目编码 | 031001001005 | | 项目名称 | | 镀锌钢管 DN15 | | | 计量单位 | m | | 工程量 | 4.0 |

清单综合单价组成明细

定额编号	定额名称	定额单位	数量	单价				合价			
				人工费	材料费	机械费	管理费和利润	人工费	材料费	机械费	管理费和利润
8-87	镀锌钢管 DN15	10m	0.1	42.49	22.96	—	91.52	4.249	2.296	—	9.152
11-56	管道刷银粉第一遍	10m²	0.008	6.50	4.81	—	14.00	0.052	0.038	—	0.112
11-57	管道刷银粉第二遍	10m²	0.008	6.27	4.37	—	13.51	0.05	0.035	—	0.108
人工单价		小计						4.351	2.369	—	9.372
23.22 元/工日		未计价材料费							6.089		
清单项目综合单价									22.18		

材料费明细	主要材料名称、规格、型号	单位	数量	单价（元）	合价（元）	暂估单价（元）	暂估合价（元）
	镀锌钢管 DN15	m	1.02	5.97	6.089	—	—
	其他材料费			—		—	
	材料费小计			—	6.089		—

105

表 4-10

工程量清单综合单价分析

工程名称：某两层商业楼卫生间给水排水工程　　标段：　　第　页　共　页

项目编码	031001005001	项目名称	承插铸铁管 DN100	计量单位	m	工程量	51.22

清单综合单价组成明细

定额编号	定额名称	定额单位	数量	单价（元）				合价（元）			
				人工费	材料费	机械费	管理费和利润	人工费	材料费	机械费	管理费和利润
8-146	承插铸铁管 DN100	10m	0.1	80.34	277.05	—	173.05	8.034	27.705	—	17.305
11-66	管道刷沥青第一遍	10m²	0.043	6.50	1.54	—	14.00	0.28	0.066	—	0.602
11-67	管道刷沥青第二遍	10m²	0.043	6.27	1.37	—	13.51	0.27	0.059	—	0.581
人工单价		小计						8.58	27.83		18.49
23.22元/工日		未计价材料费							39.16		
		清单项目综合单价							94.06		

材料费明细	主要材料名称、规格、型号	单位	数量	单价（元）	合价（元）	暂估单价（元）	暂估合价（元）
	承插铸铁管 DN100	m	0.89	44.00	39.16	—	—
	其他材料费			—		—	
	材料费小计			—	39.16	—	

表 4-11

工程量清单综合单价分析

工程名称：某两层商业楼卫生间给水排水工程　　　　标段：　　　　第　页　共　页

项目编码	0310040006001	项目名称	大便器	计量单位	组	工程量	24

清单综合单价组成明细

定额编号	定额名称	定额单位	数量	单价（元）				合价（元）			
				人工费	材料费	机械费	管理费和利润	人工费	材料费	机械费	管理费和利润
8-409	大便器	10组	0.1	133.75	599.69	—	288.10	13.375	59.969	—	28.810
	小　计							13.375	59.969	—	28.810
人工单价											
23.22元/工日	未计价材料费							55.55			

清单项目综合单价	157.70

材料费明细	主要材料名称、规格、型号	单位	数量	单价（元）	合价（元）	暂估单价（元）	暂估合价（元）
	瓷蹲式大便器	组	1.01	55.00	55.55	—	—
	其他材料费			—		—	—
	材料费小计			—	55.55		—

表 4-12
工程量清单综合单价分析

工程名称：某两层商业楼卫生间给水排水工程　　　　　　标段：　　　　　　　　　　　　　　　第　页　共　页

项目编码	031004007001	项目名称	小便器（普通挂斗式）	计量单位	组	工程量	6

清单综合单价组成明细

定额编号	定额名称	定额单位	数量	单价（元）				合价（元）			
				人工费	材料费	机械费	管理费和利润	人工费	材料费	机械费	管理费和利润
8-418	小便器	10组	0.1	78.02	354.31	—	168.06	7.802	35.431	—	16.801
人工单价		小　计						7.802	35.431	—	16.806
23.22元/工日		未计价材料费							42.42		
								清单项目综合单价	102.46		

	主要材料名称、规格、型号	单位	数量	单价（元）	合价（元）	暂估单价（元）	暂估合价（元）
材料费明细	挂斗式小便器	组	1.01	42.00	42.42	—	—
	其他材料费			—		—	
	材料费小计			—	42.42	—	

表 4-13

工程量清单综合单价分析

工程名称：某两层商业楼卫生间给水排水工程　　标段：　　　　　　　　　　　　　　第　页　共　页

| 项目编码 | 031004003001 | 项目名称 | | 洗脸盆 | | 计量单位 | | | 组 | | 工程量 | | 4 |

清单综合单价组成明细

定额编号	定额名称	定额单位	数量	单价（元）				合价（元）			
				人工费	材料费	机械费	管理费和利润	人工费	材料费	机械费	管理费和利润
8-382	洗脸盆	10组	0.1	109.60	466.63	—	236.08	10.960	46.663	—	23.608
人工单价			小　计					10.960	46.663	—	23.608
23.22元/工日			未计价材料费						31.815		
			清单项目综合单价						113.05		

材料费明细	主要材料名称、规格、型号		单位	数量	单价（元）	合价（元）	暂估单价（元）	暂估合价（元）
	洗脸盆		个	1.01	31.5	31.815	—	—
	其他材料费				—	—		—
	材料费小计				—	31.815		—

109

表 4-14

工程量清单综合单价分析

工程名称：某两层商业楼卫生间给水排水工程　　标段：　　第　页　共　页

项目编码	030901010001	项目名称	水龙头（DN15mm）			计量单位	套	工程量	4

清单综合单价组成明细

定额编号	定额名称	定额单位	数量	单价（元）				合价（元）			
				人工费	材料费	机械费	管理费和利润	人工费	材料费	机械费	管理费和利润
8-438	水龙头	10套	0.1	6.50	0.98	—	14.00	0.650	0.098	—	1.400
人工单价		小　计						0.650	0.098	—	1.400
23.22元/工日		未计价材料费							2.626		
清单项目综合单价								4.77			

材料费明细	主要材料名称、规格、型号	单位	数量	单价（元）	合价（元）	暂估单价（元）	暂估合价（元）
	水龙头	套	1.01	2.60	2.626	—	—
	其他材料费			—		—	
	材料费小计			—	2.626		—

110

表 4-15

工程量清单综合单价分析

工程名称：某两层商业楼卫生间给水排水工程　　　　　标段：　　　　　第　页　共　页

| 项目编码 | 031004008001 | 项目名称 | | 地漏（DN50mm） | | | 计量单位 | | 组 | | | 工程量 | | 6 |

清单综合单价组成明细

定额编号	定额名称	定额单位	数量	单价（元）				合价（元）			
				人工费	材料费	机械费	管理费利利润	人工费	材料费	机械费	管理费利利润
8-447	地漏	10 组	0.1	37.15	18.73	—	80.02	3.715	1.873	—	8.002
人工单价		小　计						3.715	1.873	—	8.002
23.22 元/工日		未计价材料费							13.9		
	清单项目综合单价								27.49		

材料费明细	主要材料名称、规格、型号		单位	数量	单价（元）	合价（元）	暂估单价（元）	暂估合价（元）
	地漏 DN50		组	1	13.9	13.9	—	—
	其他材料费				—		—	
	材料费小计				—	13.9		—

表 4-16

工程量清单综合单价分析

工程名称：某两层商业楼卫生间给水排水工程　　　　标段：　　　　　　　　　　　　　　第　页　共　4　页

项目编码	031004008001	项目名称	排水栓	计量单位	组	工程量	

清单综合单价组成明细

定额编号	定额名称	定额单位	数量	单价（元）				合价（元）			
				人工费	材料费	机械费	管理费和利润	人工费	材料费	机械费	管理费和利润
8-443	排水栓	10组	0.1	44.12	77.29	—	95.03	4.41	7.73	—	9.50
人工单价		小　计						4.41	7.73	—	9.50
23.22元/工日		未计价材料费									
		清单项目综合单价								35.64	

材料费明细	主要材料名称、规格、型号	单位	数量	单价（元）	合价（元）	暂估单价（元）	暂估合价（元）
	排水栓带链堵	套	1	14.00	14.00	—	—
	其他材料费			—		—	
	材料费小计			—	14.00	—	

六、投标报价（投标报价所需表格见表4-17～表4-24）

_____某两层商业楼卫生间给水排水_____工程

投 标 总 价

投 标 人： _____×× 安装公司_____

（单位盖章）

××××年××月××日

投 标 总 价

招 标 人：_____×××_____

工程名称：_____某两层商业楼卫生间给水排水工程_____

投标总价（小写）：_____25307_____

（大写）：_____贰万伍仟叁佰零染元整_____

投 标 人：_____××安装公司_____
（单位盖章）

法定代表人
或其授权人：_____×××_____
（签字或盖章）

编制人：_____×××_____
（造价人员签字盖专用章）

时间：××××年××月××日

表 4-17 　　　　　　　　　　　　　**总 说 明**

工程名称：某两层商业楼卫生间给水排水工程　　　　　　　　　　　　第 页 共 页

　　1. 工程概况

　　本设计为某两层商业楼给水排水工程设计。布置如图 4-1～图 4-6 所示，女卫生间内设蹲式大便器 8 组，拖布池一个，地漏一个，男卫生间内设蹲式大便器 4 组，小便器 3 组，拖布池一个，地漏 1 个，卫生间外设洗脸盆 2 个，地漏 1 个。

　　2. 投标控制价包括范围

　　为本次招标的某两层商业楼卫生间给水排水工程。

　　3. 投标控制价编制依据

　　(1) 招标文件及其所提供的工程量清单和有关计价的要求，招标文件的补充通知和答疑纪要。

　　(2) 该某两层商业楼给排水系统图及投标施工组织设计。

　　(3) 有关的技术标准，规范和安全管理规定。

　　(4) 省建设主管部门颁发的计价定额和计价管理办法及有关计价文件。

　　(5) 材料价格采用工程所在地工程造价管理机构工程造价信息发布的价格信息，对于造价信息没有发布的材料，其价格参照市场价。

表 4-18　　　　　　　　　　　建设项目投标报价汇总表

工程名称：某两层商业楼卫生间给水排水工程　　　　　　　　第　页　共　页

序号	单项工程名称	金额（元）	其中：（元）		
			暂估价	安全文明施工费	规费
1	某两层商业楼卫生间给水排水工程	25306.89			
	合计	25306.89			

表 4-19　　　　　　　　　**单项工程投标报价汇总表**

工程名称：某两层商业楼卫生间给水排水工程　　　　　　　第　页　共　页

序号	单项工程名称	金额（元）	其中：（元）		
			暂估价	安全文明施工费	规费
1	某两层商业楼卫生间给水排水工程	25306.89			
	合计	25306.89			

表 4-20 　　　　　　　　　　　　**单位工程投标报价汇总表**

工程名称：某两层商业楼卫生间给水排水工程　　　　　标段：　　　　　第　页　共　页

序号	汇总内容	金额（元）	其中：暂估价（元）
1	分部分项工程	11861.9	
1.1	某两层商业楼卫生间给水排水工程	11861.9	
1.2			
1.3			
1.4			
1.5			
2	措施项目	199.75	—
2.1	其中：安全文明施工费	127.60	—
3	其他项目	11703.7	
3.1	其中：暂列金额	1186.19	—
3.2	其中：专业工程暂估价	2000	—
3.3	其中：计日工	8517.51	—
3.4	其中：总承包服务费	—	—
4	规费	691.66	—
5	税金	849.88	—
	合计＝1＋2＋3＋4＋5	25306.89	

表 4-21　　　　　　　　　　　　总价措施项目清单与计价表

工程名称：某两层商业楼卫生间给水排水工程　　　　标段：　　　　　　第 页 共 页

序号	项目编码	项目名称	计算基础	费率（%）	金额（元）	调整费率（%）	调整后金额（元）	备注
1		安全文明施工费	定额人工费（1192.51）	10.7	127.60			
2		夜间施工增加费	定额人工费（1192.51）	0.05	0.60			
3		二次搬运费	定额人工费（1192.51）	0.7	8.35			
4		冬雨季施工增加费	定额人工费（1192.51）	1.6	19.08			
5		缩短工期增加费	定额人工费（1192.51）	3.5	41.74			
6		已完工程及设备保护费	定额人工费（1192.51）	0.2	2.39			
		合　计			199.75			

编制人（造价人员）：　　　　　　　　　　　复核人（造价工程师）：

注：1. "计算基础"中安全文明施工费可为"定额基价""定额人工费"或"定额人工费＋定额机械费"，其他项目可为"定额人工费"或"定额人工费＋定额机械费"。

2. 按施工方案计算的措施费，若无"计算基础"和"费率"的数值，也可只填"金额"数值，但应在备注栏说明施工方案出处或计算方法。

3. 本工程在计算式所采用的费率为《建设工程费用定额汇编》中的安徽省建设工程计价费用定额（2005）安装工程。

表 4-22 　　　　　　　　　　　**其他项目清单与计价汇总表**

工程名称：某两层商业楼卫生间给水排水工程　　　　标段：　　　　　　第　页　共　页

序号	项目名称	金额（元）	结算金额（元）	备注
1	暂列金额	1186.19		一般为分部分项工程的 10%
2	暂估价	2000		
2.1	材料（工程设备）暂估价/结算价	—		
2.2	专业工程暂估价/结算价	2000		
3	计日工	8517.51		
4	总承包服务费	—		
5	索赔与现场签证	—		
	合计	11703.7		—

注：1. 材料（工程设备）暂估单价计入清单项目综合单价，此处不汇总。
　　2. 本工程在计算时所采用的费率为《建设工程费用定额汇编》中的安徽省建设工程计价费用定额
　　　（2005）安装工程。

表 4-23　　　　　　　　　　　　　　　　计 日 工 表

工程名称：某两层商业楼卫生间给水排水工程　　　　标段：　　　　　　第 页 共 页

编号	项目名称	单位	暂定数量	实际数量	综合单价（元）	合价（元）	
						暂定	实际
一	人工						
1	普工	工日	20		100	2000	
2	技工	工日	5		200	1000	
	人工小计					3000	
二	材料						
1	挂斗式小便器	组	1.01		42.00	42.42	
2	瓷蹲式大便器	组	1.01		55.00	55.55	
3	洗脸盆	个	1.01		31.5	31.82	
4	承插铸铁管 DN100	m	0.89		44.00	39.16	
5							
6							
7							
8							
9							
	材料小计					255.51	
三	机械费					0	
四	企业管理费和利润					5262	
	总　计					8517.51	

注：此表项目名称、暂定数量由招标人填写，编制招标控制价时，单价由招标人按有关计价规定确定；
投标时，单价由投标人自主报价，按暂定数量计算合价计入投标总价中。结算时，按发承包双方确
认的实际数量计算合价。

表 4-24　　　　　　　　　　　规费、税金项目计价表

工程名称：某两层商业楼卫生间给水排水工程　　标段：　　　　　第　页　共　页

序号	项目名称	计算基础	计算基数	计算费率（%）	金额（元）
1	规费	定额人工费	1192.51	58	691.66
1.1	社会保险费	定额人工费			
(1)	养老保险费	定额人工费	1192.51	30	357.75
(2)	失业保险费	定额人工费	1192.51	3	35.78
(3)	医疗保险费	定额人工费	1192.51	10	119.25
(4)	工伤保险费	定额人工费			
(5)	生育保险费	定额人工费			
1.2	住房公积金	定额人工费	1192.51	15	178.88
1.3	工程排污费	按工程所在地环境保护部门收取标准，按实计入			
2	税金	分部分项工程费＋措施项目费＋其他项目费＋规费－按规定不计税的工程设备金额	24457.01	3.475	849.88
	合　计				1541.54

第五章 某中学食堂给水排水工程预算

某中学食堂的给水排水设计如图 5-1～图 5-9 所示。

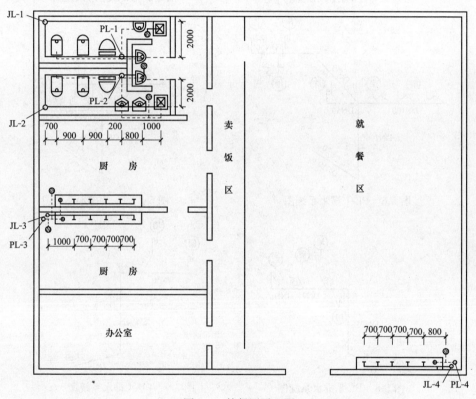

图 5-1 某餐厅平面图

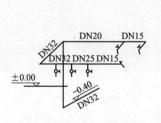

图 5-2 JL-1 给水系统图

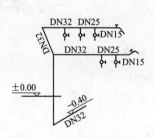

图 5-3 JL-2 给水系统图

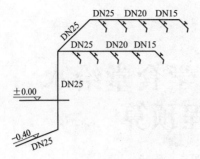

图 5-4　JL-3 给水系统图

图 5-5　JL-4 给水系统图

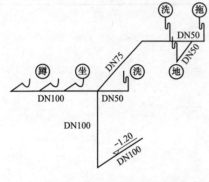

图 5-6　PL-1 排水系统图

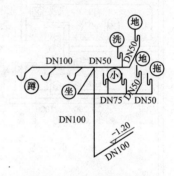

图 5-7　PL-2 排水系统图

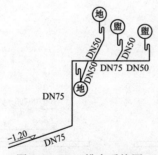

图 5-8　PL-3 排水系统图

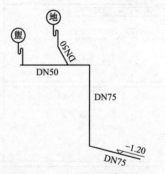

图 5-9　PL-4 排水系统图

一、清单工程量计算

1. 给水系统

（1）DN32。

1）JL—1 中 DN32 的工程量为

$$(0.40+1.0+2.0+0.7+0.9)\text{m} = 5.0\text{m}$$

【注释】

0.40——干管埋深；

2.0——横管沿房间宽度方向所走的距离；

0.7+0.9——支管为前两个蹲便器供水沿房间长度方向的距离；

1.0——支管的安装高度，即地面以上立管的长度。

2）JL－2 中 DN32 的工程量为

$$[0.40+1.0+2.0+0.7+0.9+(0.7+0.9+0.9+0.2)]m = 7.7m$$

【注释】

0.40——立管的埋深；

2.0+0.7+0.9——与 JL－1 中意义相同；

0.7+0.9+0.9+0.2——小便器供水管的长度。

3）DN32 水平埋地工程量为

$$(0.05+0.24+1.5)m \times 2 = 3.58m$$

DN32 的总工程量为

$$(5.0+7.7+3.58)m = 16.28m$$

埋地部分立管工程量为

$$(0.40 \times 2)m = 0.80m$$

埋地部分为 $(3.58+0.8)m=4.38m$

明装部分为

$$(16.28-3.58)m = 11.90m$$

（2）DN25。

1）JL－1 中为坐便器供水管为 DN25，其工程量为 0.9m。

2）JL－2 中为坐便器和第 2 个小便器供水支管为 DN25，工程量为

$$(0.9+0.8)m = 1.7m$$

3）JL－3 中 DN25 的工程量为

$$(0.40+1.0+1+0.7+0.34+1+0.7)m = 5.14m$$

【注释】

0.7+1——立管距第 2 个水龙头的距离；

0.34——支管穿墙距离，两边供水支管距墙 0.05m，墙厚 0.24m，所以管道从一边穿墙过去的总距离为

$$(0.05 \times 2+0.24)m = 0.34m$$

4）JL－4：$(0.40+1.0+0.8+0.7+0.7)m=3.6m$

5）DN25 水平埋地工程量：$(0.05+0.24+1.5)m \times 2=3.58m$

所以 DN25 总工程量为

$$(3.58+0.9+1.7+5.14+3.6)m = 14.92m$$

埋地部分的工程量为

$$(3.58+0.40 \times 2)m = 4.38m$$

明装部分工程量为

$$(14.92-4.38)m = 10.54m$$

(3) DN20。

1) JL—1 中洗脸盆供水支管为 DN20，工程量为 3.5m。

2) JL—2 中无 DN20 管。

3) JL—3 中第 2 和第 4 个水龙头供水为 DN20 管，工程量为

$$(0.7\times2\times2)m = 2.8m$$

4) JL—4 中第 3 和第 5 个水龙头供水为 DN20 管，工程量为

$$0.7m\times2 = 1.4m$$

DN20 的总工程量为

$$(3.5+2.8+1.4)m = 7.7m$$

(4) DN15。

1) JL—1 中拖布池和洗脸盆供水的管为 DN15，工程量为

$$(0.8+1)m = 1.8m$$

2) JL—2 中情况与 JL—1 中相同，拖布池和洗脸盆供水管为 DN15，工程量为

$$(0.8+1)m = 1.8m$$

3) JL—3 中最后两个水龙头供水的管为 DN15，工程量为

$$(0.7\times2)m = 1.4m$$

4) JL—4 中为最后一个水龙头供水的管为 DN15，工程量为 0.7m。

DN15 的总工程量为

$$(1.8+1.8+1.4+0.7)m = 5.7m$$

2. 排水系统

(1) DN100。

1) PL—1 中蹲便器和坐便器供水管为 DN100，水平管工程量为

$$(0.9+0.9+0.2)m = 2.0m$$

其中 0.2 为坐便器距立管的距离，埋深为 1.2m。故 PL—1 中 DN100 的总工程量为

$$(2.0+1.2)m = 3.2m$$

2) PL—2 与 PL—1 情况相同，工程量为 3.2m。

3) PL—3 和 PL—4 中无 DN100 管。

4) DN100 出户横干管工程量为

$$(0.15+0.24+3.00)m\times2 = 6.78m$$

DN100 的总工程量为

$$(6.78+3.2+3.2)m = 13.18m$$

(2) DN75。

1) PL—1 中从立管到洗脸盆之间为 DN75，工程量为

$$(2.0+0.8)m = 2.8m$$

2）PL－2 中从立管到地漏之间为 DN75 管，工程量为

$$(2.0+0.8+0.5)m = 3.3m$$

【注释】

2.0——沿房间宽度方向的距离；

0.8——两个小便器之间的距离；

0.5——地漏到小便器的距离。

3）PL－3 中 DN75 的工程量为

$$(1.20+0.70)m = 1.9m$$

【注释】

1.20——立管埋深部分；

0.70——从立管到盥洗槽存水弯处的距离。

4）PL－4 立管埋深部分为 DN75，工程量为 1.20m。

5）DN75 出户横干管的工程量为

$$(0.15+0.24+3.00)m \times 2 = 6.78m$$

DN75 总的工程量为

$$(6.78+2.8+3.3+1.9+1.20)m = 15.98m$$

（3）DN50。

1）PL－1 中为拖布池及旁边的地漏排水所用管为 DN50，两者的工程量为

$$(1+0.3)m = 1.3m$$

【注释】

0.3——地漏存水弯矩支管的距离。

同时洗脸盆排水管也为 DN50，工程量为 0.8m，故 PL－1 中 DN50 的工程量为

$$(1.3+0.8)m = 2.1m$$

2）PL－2 中洗脸盆及旁边的地漏排水管为 DN50，拖布池与其旁边的地漏排水管也是 DN50，前两者的工程量为

$$(0.8+0.3)m = 1.1m$$

后两者的工程量为

$$(0.5+0.3)m = 0.8m$$

【注释】

0.3——地漏到排水横管的距离。

故 PL－2 中 DN50 总的工程量为

$$(1.1+0.8)m = 1.9m$$

3）PL－3 中盥洗槽的排水管和地漏的排水管为 DN50，工程量为

$$(0.44+0.3+0.41+0.1+0.54)m = 1.79m$$

【注释】

0.44——靠近卫生间的厨房盥洗槽排水存水弯到横管的距离；

0.3——靠近立管旁的地漏到横管的距离；

0.41——前者厨房盥洗槽的排水支管距横管的距离；

0.1——横管上的盥洗槽排水支管的距离；

0.54——卫生间靠近厨房地漏到横管的距离。

4）PL—4 中盥洗槽和地漏的排水支管为 DN50，工程量为

$$(0.7 + 0.4)m = 1.1m$$

【注释】

0.7——盥洗槽的存水弯到立管的距离；

0.4——地漏到横管的距离。

DN50 总的工程量为

$$(2.1 + 1.9 + 1.79 + 1.1)m = 6.89m$$

清单工程量计算见表 5-1、表 5-2。

表 5-1   镀锌钢管工程量计算表

规格	单位	数量	备注
DN32	m	4.38	埋地
DN32	m	11.90	明装
DN25	m	4.38	埋地
DN25	m	10.54	明装
DN20	m	7.7	明装
DN15	m	5.7	

表 5-2   排水铸铁管工程量计算表

规格	单位	数量	备注
DN100	m	13.18	均为承插铸铁管水泥接口
DN75	m	15.98	
DN50	m	6.89	

二、定额工程量计算

1. 管道安装

管道安装工程量计算同清单工程量。

2. 卫生器具安装

卫生器具安装工程量计算同清单工程量。

3. 刷油量计算

（1）镀锌钢管。

1）埋地管刷沥青二遍，每遍的工程量为

DN32：$4.38m \times 0.133m^2/m = 0.583m^2$

DN25：4.38m×0.105m²/m=0.460m²

2）明管刷两遍银粉，每道的工程量为

DN32：11.90m×0.133m²/m=1.58m²

DN25：10.54m×0.105m²/m=1.11m²

DN20：7.7m×0.08m²/m=0.62m²

DN15：5.7m×0.07m²/m=0.40m²

（2）排水铸铁管。

铸铁管刷沥青两遍，每遍工程量为

DN100：13.18m×0.49m²/m=6.46m²

DN75：15.98m×0.36m²/m=5.75m²

DN50：6.89m×0.254m²/m=1.75m²

【注释】 管道油漆工程量的计算是根据管道长度和每米油漆面积，每米油漆面积可查表。

（3）刷油工程量汇总。

管道第一遍刷银粉的工程量为

$$(1.58＋1.11＋0.62＋0.40)m² ＝ 3.71m²$$

管道第二遍刷银粉的工程量同第一遍，3.71m²。

管道刷沥青第一遍的工程量为

$$(0.583＋0.460＋6.46＋5.75＋1.75)m² ＝ 15m²$$

管道刷沥青第二遍的工程量同第一遍，15m²。

4. 卫生器具安装

（1）蹲式大便器安装 4 套。

（2）坐式大便器安装 2 套。

（3）立式小便器安装 2 套。

（4）洗脸盆安装 3 组。

（5）DN15 水龙头安装 18 个。

（6）DN50 地漏 6 个。

（7）DN50 排水栓 3 组。

三、施工图预算表

某中学食堂室内给水排水工程施工图预算见表 5-3。

四、分部分项工程和单价措施项目清单与计价表

分部分项工程和单价措施项目清单与计价见表 5-4。

表 5-3　　　　　　　　　　　**某中学食堂给水排水工程施工图预算表**

工程名称：某中学食堂给水排水工程

序号	定额编号	分项工程名称	定额单位	工程量	单价	人工费（元）	材料费（元）	机械费（元）	合价（元）
						其中：			
1	8-90	镀锌钢管安装（埋地）DN32	10m	0.438	86.16	51.08	34.05	1.03	37.74
2	8-90	镀锌钢管安装 DN32	10m	1.19	86.16	51.08	34.05	1.03	102.53
3	8-89	镀锌钢管安装（埋地）DN25	10m	0.438	83.51	51.08	31.40	1.03	36.58
4	8-89	镀锌钢管安装 DN25	10m	1.054	83.51	51.08	31.40	1.03	88.02
5	8-88	镀锌钢管安装 DN20	10m	0.77	66.72	42.49	24.23	—	51.37
6	8-87	镀锌钢管安装 DN15	10m	0.57	65.45	42.49	22.96	—	37.31
7	8-146	铸铁管安装 DN100	10m	1.318	357.39	80.34	277.05	—	471.04
8	8-145	铸铁管安装 DN75	10m	1.598	249.18	62.23	186.95	—	398.19
9	8-144	铸铁管安装 DN50	10m	0.689	133.41	52.01	81.40	—	91.92
10	11-56	管道刷银粉第一遍	10m²	0.371	11.31	6.5	4.81	—	4.20
11	11-57	管道刷银粉第二遍	10m²	0.371	10.64	6.27	4.37	—	3.95
12	11-66	管道刷沥青第一遍	10m²	1.500	8.04	6.5	1.54	—	12.06
13	11-67	管道刷沥青第二遍	10m²	1.500	7.64	6.27	1.37	—	11.46
14	8-409	蹲式大便器（普通阀门）	10套	0.4	733.44	133.75	599.69	—	293.38
15	8-414	坐式大便器（低水箱）	10套	0.2	484.02	186.46	297.56	—	96.80
16	8-422	立式小便器（普通式）	10套	0.2	813.94	93.34	720.60	—	162.79
17	8-382	洗脸盆（普通冷水嘴）	10组	0.3	576.23	109.60	466.63	—	172.87
18	8-438	水龙头 DN15	10个	1.8	7.48	6.50	0.98	—	13.46
19	8-447	地漏 DN50	10个	0.6	55.88	37.15	18.73	—	33.53
20	8-443	排水栓 DN50	10组	0.3	121.41	44.12	77.29	—	36.42
		合价							2155.62

表 5-4　　　　　　　　　　　**分部分项工程和单价措施项目清单与计价表**

工程名称：某中学食堂给水排水工程　　　标段：　　　　　　　　　　第　页　共　页

序号	项目编码	项目名称	项目特征描述	计量单位	工程量	综合单价	合价	其中：暂估价
						金额（元）		
1	031001001001	镀锌钢管 DN32	埋地，给水系统，螺纹连接，刷沥青两遍	m	4.38	35.34	154.79	

序号	项目编码	项目名称	项目特征描述	计量单位	工程量	金额（元）		
						综合单价	合价	其中：暂估价
2	031001001002	镀锌钢管 DN32	给水系统，螺纹连接，刷银粉两遍	m	11.90	35.42	421.50	
3	031001001003	镀锌钢管 DN25	埋地，给水系统，螺纹连接，刷沥青两遍	m	4.38	31.56	138.23	
4	031001001004	镀锌钢管 DN25	给水系统，螺纹连接，刷银粉两遍	m	10.54	31.63	333.38	
5	031001001005	镀锌钢管 DN20	给水系统，螺纹连接，刷银粉两遍	m	7.7	24.11	185.65	
6	031001001006	镀锌钢管 DN15	给水系统，螺纹连接，刷银粉两遍	m	5.7	22.13	126.14	
7	031001005001	承插铸铁管 DN100	排水系统，水泥接口，刷沥青两遍	m	13.18	94.32	1243.14	
8	031001005002	承插铸铁管 DN75	排水系统，水泥接口，刷沥青两遍	m	15.98	71.50	1142.57	
9	031001005003	承插铸铁管 DN50	排水系统，水泥接口，刷沥青两遍	m	6.89	43.84	302.06	
10	031004006001	大便器	蹲式，普通阀门冲洗	组	4	157.70	630.80	
11	031004006002	大便器	坐式，低水箱	组	2	225.13	450.26	
12	031004007001	小便器	立式，普通式	组	2	172.20	344.40	
13	031004003001	洗脸盆	普通冷水嘴	组	3	113.05	339.15	
14	030901010001	水龙头	DN15	套	18	4.77	85.86	
15	031004014001	地漏	DN50	套	6	27.49	164.94	
16	031004008001	排水栓	DN50	组	3	35.64	106.92	
		合　计					6169.79	

五、工程量清单综合单价分析

工程量清单综合单价分析见表 5-5～表 5-20。

表 5-5

工程量清单综合单价分析

| 工程名称：某中学食堂给水排水工程 | | 标段： | | | | 第　页　共　页 |

| 项目编码 | 031001001001 | 项目名称 | 镀锌钢管 DN32（埋地） | 计量单位 | m | 工程量 | 4.38 |

清单综合单价组成明细

定额编号	定额名称	定额单位	数量	单价（元）				合价（元）			
				人工费	材料费	机械费	管理费利润	人工费	材料费	机械费	管理费利润
8-90	镀锌钢管 DN32	10m	0.1	51.08	34.05	1.03	110.03	5.108	3.405	0.103	11.003
11-66	管道刷沥青第一遍	10m²	0.013	6.50	1.54	—	14.00	0.085	0.020	—	0.182
11-67	管道刷沥青第二遍	10m²	0.013	6.27	1.37	—	13.51	0.082	0.018	—	0.176
人工单价	小计							5.275	3.443	0.103	11.361
23.22 元/工日	未计价材料费								15.16		
清单项目综合单价									35.34		

材料费明细	主要材料名称、规格、型号	单位	数量	单价（元）	合价（元）	暂估单价（元）	暂估合价（元）
	镀锌钢管 DN32	m	1.02	14.86	15.16	—	—
	其他材料费			—		—	
	材料费小计			—	15.16	—	

注：管理费和利润均以人工费为取费基数，管理费率为 155.4%，利润费率为 60%。

表 5-6

工程量清单综合单价分析

工程名称：某中学食堂给水排水工程　　　　标段：　　　　　　　第 页 共 页

项目编码	031001001002	项目名称	镀锌钢管 DN32	计量单位	m	工程量	11.90

清单综合单价组成明细

定额编号	定额名称	定额单位	数量	单价（元）				合价（元）			
				人工费	材料费	机械费	管理费和利润	人工费	材料费	机械费	管理费和利润
8-90	镀锌钢管 DN32	10m	0.1	51.08	34.05	1.03	110.03	5.108	3.405	0.103	11.003
11-56	管道刷银粉第一遍	10m²	0.013	6.5	4.81	—	14.00	0.085	0.063	—	0.182
11-57	管道刷银粉第二遍	10m²	0.013	6.27	4.37	—	13.51	0.082	0.057	—	0.176
人工单价	小计							5.275	3.525	0.103	11.361
23.22元/工日	未计价材料费							15.16			
清单项目综合单价								35.42			

	主要材料名称、规格、型号	单位	数量	单价（元）	合价（元）	暂估单价（元）	暂估合价（元）
材料费明细	镀锌钢管 DN32	m	1.02	14.86	15.16	—	—
	其他材料费			—		—	
	材料费小计				15.16		—

133

表 5-7

工程量清单综合单价分析

工程名称：某中学食堂给水排水工程　　　　标段：　　　　　　　　　　　　　　　　　　　　第　页　共　页

项目编码	031001001003	项目名称	镀锌钢管 DN25（埋地）	计量单位	m	工程量	4.38

清单综合单价组成明细

定额编号	定额名称	定额单位	数量	单价（元）				合价（元）			
				人工费	材料费	机械费	管理费和利润	人工费	材料费	机械费	管理费和利润
8-89	镀锌钢管 DN25	10m	0.1	51.08	31.40	1.03	110.03	5.108	3.140	0.103	11.003
11-66	管道刷沥青第一遍	10m²	0.011	6.5	1.54	—	14.00	0.072	0.017	—	0.154
11-67	管道刷沥青第二遍	10m²	0.011	6.27	1.37	—	13.51	0.069	0.015	—	0.149
人工单价	小计							5.249	3.172	0.103	11.306
23.22元/工日	未计价材料费							11.73			
	清单项目综合单价							31.56			

材料费明细	主要材料名称、规格、型号	单位	数量	单价（元）	合价（元）	暂估单价（元）	暂估合价（元）
	镀锌钢管 DN25	m	1.02	11.50	11.73	—	—
	其他材料费			—	11.73	—	—
	材料费小计			—	11.73	—	—

表 5-8

工程量清单综合单价分析

工程名称：某中学食堂给水排水工程　　　　标段：　　　　　　　　　　　　

项目编码	031001001004	项目名称	镀锌钢管 DN25	计量单位	m	工程量	10.54

清单综合单价组成明细

定额编号	定额名称	定额单位	数量	单价（元）				合价（元）			
				人工费	材料费	机械费	管理费和利润	人工费	材料费	机械费	管理费和利润
8-89	镀锌钢管 DN25	10m	0.1	51.08	31.40	1.03	110.03	5.108	3.140	0.103	11.003
11-56	管道刷银粉第一遍	10m²	0.011	6.5	4.81	—	14.00	0.072	0.053	—	0.154
11-57	管道刷银粉第二遍	10m²	0.011	6.27	4.37	—	13.51	0.069	0.048	—	0.149
人工单价		小计						5.249	3.241	0.103	11.306
23.22 元/工日		未计价材料费						11.73			
清单项目综合单价								31.63			

材料费明细	主要材料名称、规格、型号	单位	数量	单价（元）	合价（元）	暂估单价（元）	暂估合价（元）
	镀锌钢管 DN25	m	1.02	11.50	11.73	—	—
	其他材料费			—		—	
	材料费小计			—	11.73	—	

135

表5-9

工程量清单综合单价分析

工程名称：某中学食堂给水排水工程　　　　标段：　　　　　　　　第　页　共　页　7.7

| 项目编码 | 031001001005 | 项目名称 | 镀锌钢管 DN20 | 计量单位 | m | 工程量 | |

清单综合单价组成明细

定额编号	定额名称	定额单位	数量	单价（元）				合价（元）			
				人工费	材料费	机械费	管理费和利润	人工费	材料费	机械费	管理费和利润
8-88	镀锌钢管DN20	10m	0.1	42.49	24.23	—	91.52	4.249	2.423	—	9.152
11-56	管道刷银粉第一遍	10m²	0.008	6.5	4.81	—	14.00	0.052	0.038	—	0.112
11-57	管道刷银粉第二遍	10m²	0.008	6.27	4.37	—	13.51	0.050	0.035	—	0.108
人工单价	小计							4.351	2.496	—	9.372
23.22元/工日	未计价材料费								7.89		
清单项目综合单价									24.11		

材料费明细	主要材料名称、规格、型号	单位	数量	单价（元）	合价（元）	暂估单价（元）	暂估合价（元）
	镀锌钢管 DN20	m	1.02	7.74	7.89	—	—
	其他材料费			—		—	
	材料费小计			—	7.89	—	

表5-10

工程量清单综合单价分析

工程名称：某中学食堂给水排水工程　　　　标段：　　　　

项目编码	031001001006	项目名称	镀锌钢管 DN15	计量单位	m	工程量	5.7

清单综合单价组成明细

定额编号	定额名称	定额单位	数量	单价（元）				合价（元）			
				人工费	材料费	机械费	管理费和利润	人工费	材料费	机械费	管理费和利润
8-87	镀锌钢管 DN15	10m	0.1	42.49	22.96	—	91.52	4.249	2.296	—	9.152
11-56	管道刷银粉第一遍	10m²	0.007	6.5	4.81	—	14.00	0.046	0.034	—	0.098
11-57	管道刷银粉第二遍	10m²	0.007	6.27	4.37	—	13.51	0.044	0.031	—	0.095
人工单价				小计				4.339	2.361		9.345
23.22元/工日				未计价材料费					6.089		
清单项目综合单价								22.13			

材料费明细	主要材料名称、规格、型号	单位	数量	单价（元）	合价（元）	暂估单价（元）	暂估合价（元）
	镀锌钢管 DN15	m	1.02	5.97	6.089	—	—
	其他材料费						
	材料费小计				6.089		

137

表5-11

工程名称：某中学食堂给水排水工程

工程量清单综合单价分析

标段：　　　　　　　　　　　　　　　第　页　共　页

| 项目编码 | 031001005001 | 项目名称 | 承插铸铁管 DN100 | 计量单位 | m | 工程量 | 13.18 |

清单综合单价组成明细

定额编号	定额名称	定额单位	数量	单价（元）				合价（元）			
				人工费	材料费	机械费	管理费和利润	人工费	材料费	机械费	管理费和利润
8-146	承插铸铁管DN100	10m	0.1	80.34	277.05	—	173.05	8.034	27.705	—	17.305
11-66	管道刷沥青第一遍	10m²	0.049	6.5	1.54	—	14.00	0.319	0.075	—	0.686
11-67	管道刷沥青第二遍	10m²	0.049	6.27	1.37	—	13.51	0.307	0.067	—	0.662
人工单价	小 计							8.660	27.847	—	18.653
23.22元/工日	未计价材料费								39.16		
	清单项目综合单价								94.32		

材料费明细

主要材料名称、规格、型号	单位	数量	单价（元）	合价（元）	暂估单价（元）	暂估合价（元）
承插铸铁排水管 DN100	m	0.89	44.00	39.16	—	—
其他材料费				—		—
材料费小计				39.16		—

138

表 5-12

工程量清单综合单价分析

工程名称：某中学食堂给水排水工程　　标段：　　第　页　共　页

项目编码	031001005002	项目名称	承插铸铁管 DN75	计量单位	m	工程量	15.98

清单综合单价组成明细

定额编号	定额名称	定额单位	数量	单价（元）				合价（元）			
				人工费	材料费	机械费	管理费和利润	人工费	材料费	机械费	管理费和利润
8-145	承插铸铁管 DN75	10m	0.1	62.23	186.95	—	134.04	6.223	18.695	—	13.404
11-66	管道刷沥青第一遍	10m²	0.036	6.5	1.54	—	14.00	0.234	0.055	—	0.504
11-67	管道刷沥青第二遍	10m²	0.036	6.27	1.37	—	13.51	0.226	0.049	—	0.486
人工单价	小计							6.683	18.799	—	14.394
23.22 元/工日	未计价材料费								31.62		
清单项目综合单价									71.50		

材料费明细	主要材料名称、规格、型号	单位	数量	单价（元）	合价（元）	暂估单价（元）	暂估合价（元）
	承插铸铁排水管 DN75	m	0.93	34.00	31.62	—	—
	其他材料费				—		
	材料费小计				31.62		

139

表 5-13

工程名称：某中学食堂给水排水工程

工程量清单综合单价分析

工程名称：某中学食堂给水排水工程　　　　标段：　　　　　　　　　　第　页　共　页

项目编码	031001005003	项目名称	承插铸铁管 DN50	计量单位	m	工程量	6.89

清单综合单价组成明细

定额编号	定额名称	定额单位	数量	单价（元）				合价（元）			
				人工费	材料费	机械费	管理费和利润	人工费	材料费	机械费	管理费和利润
8-144	承插铸铁管 DN50	10m	0.1	52.01	81.40	—	112.03	5.201	8.140	—	11.203
11-66	管道刷沥青第一遍	10m²	0.025	6.5	1.54	—	14.00	0.163	0.039	—	0.350
11-67	管道刷沥青第二遍	10m²	0.025	6.27	1.37	—	13.51	0.157	0.034	—	0.338
人工单价	小计							5.521	8.213	—	11.891
23.22元/工日	未计价材料费							18.216			
清单项目综合单价								43.84			

材料费明细	主要材料名称、规格、型号	单位	数量	单价（元）	合价（元）	暂估单价（元）	暂估合价（元）
	承插铸铁排水管 DN50	m	0.88	20.7	18.216	—	—
	其他材料费			—		—	—
	材料费小计			—	18.216	—	18.216

表 5-14

工程量清单综合单价分析

工程名称：某中学食堂给水排水工程　　标段：　　　　　　　　　　　　第　页　共 4 页

项目编码	031004006001	项目名称	大便器	计量单位	组	工程量	

清单综合单价组成明细

定额编号	定额名称	定额单位	数量	单价（元）				合价（元）			
				人工费	材料费	机械费	管理费和利润	人工费	材料费	机械费	管理费和利润
8-409	大便器	10 组	0.1	133.75	599.69	—	288.10	13.375	59.969	—	28.810
人工单价			小计					13.375	59.969	—	28.810
23.22 元/工日			未计价材料费						55.55		
			清单项目综合单价						157.70		

材料费明细	主要材料名称、规格、型号	单位	数量	单价（元）	合价（元）	暂估单价（元）	暂估合价（元）
	瓷蹲式大便器	个	1.01	55.0	55.55	—	—
	其他材料费			—		—	—
	材料费小计			—	55.55	—	—

表 5-15

工程量清单综合单价分析

工程名称：某中学食堂给水排水工程

项目编码	0310040006002	项目名称	大便器		计量单位	组	工程量		

标段：

清单综合单价组成明细

定额编号	定额名称	定额单位	数量	单价（元）				合价（元）			
				人工费	材料费	机械费	管理费和利润	人工费	材料费	机械费	管理费和利润
8-414	坐式大便器	10组	0.1	186.46	297.56	—	401.63	18.646	29.756	—	40.163
人工单价		小计						18.646	29.756	—	40.163
23.22元/工日		未计价材料费							136.56		
		清单项目综合单价						225.13			

材料费明细	主要材料名称、规格、型号	单位	数量	单价（元）	合价（元）	暂估单价（元）	暂估合价（元）
	低水箱坐便器	个	1.01	110.00	111.10	—	—
	坐式低水箱	个	1.01	15.50	15.66	—	—
	低水箱配件	套	1.01	4.20	4.24	—	—
	坐便器桶盖	套	1.01	5.50	5.56	—	—
	其他材料费			—		—	
	材料费小计			—	136.56		—

表 5-16

工程量清单综合单价分析

工程名称：某中学食堂给水排水工程　　标段：　　　　　　　第　页　共　页

项目编码	031004007001	项目名称	小便器（立式）	计量单位	套	工程量	2

清单综合单价组成明细

定额编号	定额名称	定额单位	数量	单价（元）				合价（元）			
				人工费	材料费	机械费	管理费和利润	人工费	材料费	机械费	管理费和利润
8-422	小便器	10组	0.1	93.34	720.60	—	201.05	9.334	72.060	—	20.105
人工单价		小计						9.334	72.060	—	20.105
23.22元/工日		未计价材料费							70.70		
		清单项目综合单价							172.20		

材料费明细	主要材料名称、规格、型号	单位	数量	单价（元）	合价（元）	暂估单价（元）	暂估合价（元）
	立式小便器	个	1.01	70.00	70.70	—	—
	其他材料费			—		—	
	材料费小计			—	70.70	—	

表 5-17

工程量清单综合单价分析

工程名称：某中学食堂给水排水工程　　　标段：　　　第　页　共　3　页

| 项目编码 | 031004003001 | 项目名称 | 洗脸盆 | 计量单位 | 组 | 工程量 | |

清单综合单价组成明细

定额编号	定额名称	定额单位	数量	单价（元）				合价（元）			
				人工费	材料费	机械费	管理费和利润	人工费	材料费	机械费	管理费和利润
8-382	洗脸盆	10组	0.1	109.60	466.63	—	236.08	10.960	46.663	—	23.608
人工单价		小计						10.960	46.663	—	23.608
23.22元/工日		未计价材料费							31.815		
		清单项目综合单价							113.05		

材料费明细	主要材料名称、规格、型号	单位	数量	单价（元）	合价（元）	暂估单价（元）	暂估合价（元）
	洗脸盆	个	1.01	31.5	31.815	—	—
	其他材料费			—			—
	材料费小计			—	31.815		—

表 5-18

工程量清单综合单价分析

工程名称：某中学食堂给水排水工程　　标段：　　　　　　　　　　　　　　　第　页　共　页

| 项目编码 | 030901010001 | 项目名称 | 水龙头 DN15 | 计量单位 | 套 | 工程量 | 18 |

清单综合单价组成明细

定额编号	定额名称	定额单位	数量	单价（元）				合价（元）			
				人工费	材料费	机械费	管理费和利润	人工费	材料费	机械费	管理费和利润
8-438	水龙头	10套	0.1	6.50	0.98	—	14.00	0.65	0.098	—	1.400
人工单价				小计				0.650	0.098	—	1.400
23.22元/工日				未计价材料费					2.626		
		清单项目综合单价							4.77		

材料费明细	主要材料名称、规格、型号	单位	数量	单价（元）	合价（元）	暂估单价（元）	暂估合价（元）
	铜水嘴	个	1.01	2.6	2.626	—	—
	其他材料费			—		—	
	材料费小计			—	2.626	—	

145

工程量清单综合单价分析

表 5-19

工程名称：某中学食堂给水排水工程　　　　标段：　　　　　

项目编码	031004014001	项目名称	地漏		计量单位	套	工程量	6

清单综合单价组成明细

定额编号	定额名称	定额单位	数量	单价（元）				合价（元）			
				人工费	材料费	机械费	管理费和利润	人工费	材料费	机械费	管理费和利润
8-447	地漏	10套	0.1	37.15	18.73	—	80.02	3.715	1.873	—	8.002
人工单价			小计					3.715	1.873	—	8.002
23.22元/工日			未计价材料费						13.9		
			清单项目综合单价					27.49			

材料费明细	主要材料名称、规格、型号	单位	数量	单价（元）	合价（元）	暂估单价（元）	暂估合价（元）
	地漏 DN50	个	1	13.9	13.9	—	—
	其他材料费			—		—	
	材料费小计			—	13.9	—	

表 5-20

工程量清单综合单价分析

工程名称：某中学食堂给水排水工程　　　　标段：　　　　　　　　　　第　页　共 3 页

项目编码	03100400 8001	项目名称	排水栓	计量单位	组	工程量	

清单综合单价组成明细

定额编号	定额名称	定额单位	数量	单价（元）				合价（元）			
				人工费	材料费	机械费	管理费和利润	人工费	材料费	机械费	管理费和利润
8-443	排水栓	10组	0.1	44.12	77.29	—	95.03	4.412	7.729	—	9.503
人工单价		小计						4.412	7.729	—	9.503
23.22元/工日		未计价材料费							14.00		
清单项目综合单价									35.64		

材料费明细	主要材料名称、规格、型号	单位	数量	单价（元）	合价（元）	暂估单价（元）	暂估合价（元）
	排水栓带链诺	套	1.00	14.00	14.00	—	—
	其他材料费				—		—
	材料费小计				14.00		—

六、投标报价（投标报价所需表格见表 5-21～表 5-28）

<u>　　　某中学食堂给水排水　　　</u>工程

投　标　总　价

投　标　人：<u>　　　　　　　××安装公司　　　</u>

（单位盖章）

××××年××月××日

投 标 总 价

招 标 人：　　　　　　　　　　某中学　　　　　　　　　

工程名称：　　　　　　　某中学食堂给水排水工程　　　　　

投标总价(小写)：　　　　　　　　17445　　　　　　　　

　　　　(大写)：　　　　壹万柒仟肆佰肆拾伍元整　　　　

投 标 人：　　　　　　　　　××安装公司　　　　　　　
　　　　　　　　　　　　　　　　（单位盖章）

法定代表人
或其授权人：　　　　　　　　　×××　　　　　　　　
　　　　　　　　　　　　　　　（签字或盖章）

编制人：　　　　　　　　　　×××　　　　　　　　　
　　　　　　　　　　　　　（造价人员签字盖专用章）

时间：××××年××月××日

表 5-21　　　　　　　　　　　　　　**总　说　明**

工程名称：某中学食堂给水排水工程　　　　　　　　　　　　　　　第　页　共　页

1. 工程概况

本设计为某中学食堂的给排水工程设计。某中学食堂的给排水设计如图 5-1～图 5-9 所示。其中蹲式大便器安装：4 套　坐式大便器安装：2 套　立式小便器安装：2 套　洗脸盆安装：3 组　DN15 水龙头安装：18 个　DN50 地漏：6 个　DN50 排水栓：3 组。

2. 投标控制价包括范围

为本次招标的某中学食堂给水排水工程。

3. 投标控制价编制依据

(1) 招标文件及其所提供的工程量清单和有关计价的要求，招标文件的补充通知和答疑纪要。

(2) 该某中学食堂给排水施工图及投标施工组织设计。

(3) 有关的技术标准，规范和安全管理规定。

(4) 省建设主管部门颁发的计价定额和计价管理办法及有关计价文件。

(5) 材料价格采用工程所在地工程造价管理机构工程造价信息发布的价格信息，对于造价信息没有发布的材料，其价格参照市场价。

表 5-22   **建设项目投标报价汇总表**

工程名称：某中学食堂给水排水工程   标段：   第 页 共 页

序号	单项工程名称	金额（元）	其中：（元）		
			暂估价	安全文明施工费	规费
1	某中学食堂给水排水工程	17444.46			
	合　计	17444.46			

注：本表适用于建设项目招标控制价或投标报价的汇总。

表 5-23 **单项工程投标报价汇总表**

工程名称：某中学食堂给水排水工程　　标段：　　　　　　　　　　　　第　页　共　页

序号	单项工程名称	金额（元）	其中：		
			暂估价（元）	安全文明施工费（元）	规费（元）
1	某中学食堂给水排水工程	17444.46			
	合　计	17444.46			

注：本表适用于单项工程招标控制价或投标报价的汇总。暂估价包括分部分项工程中的暂估价和专业工程暂估价。

表 5-24　　　　　　　　　　单位工程投标报价汇总表

工程名称：某中学食堂给水排水工程　　　标段：　　　　　　　　　　第　页　共　页

序号	汇总内容	金额（元）	其中：暂估价（元）
1	分部分项工程	6169.79	
1.1	某中学食堂给水排水工程	6169.79	
1.2			
1.3			
1.4			
1.5			
2	措施项目	112.38	—
2.1	其中：安全文明施工费	71.79	
3	其他项目	10187.31	
3.1	其中：暂列金额	616.98	—
3.2	其中：专业工程暂估价	1000	
3.3	其中：计日工	8570.33	—
3.4	其中：总承包服务费	—	
4	规费	389.14	—
5	税金	585.84	—
	合计＝1＋2＋3＋4＋5	17444.46	

注：本表适用于单位工程招标控制价或投标报价的汇总，如无单位工程化分，单项工程也使用本表汇总。

表 5-25 **总价措施项目清单与计价表**

工程名称：某中学食堂给水排水工程　　标段：　　　　　　第　页　共　页

序号	项目编码	项目名称	计算基础	费率（%）	金额（元）	调整费率（%）	调整后金额（元）	备注
1		安全文明施工费	定额人工费（670.93）	10.7	71.79			
2		夜间施工增加费	定额人工费（670.93）	0.05	0.34			
3		二次搬运费	定额人工费（670.93）	0.7	4.20			
4		冬雨季施工增加费	定额人工费（670.93）	1.6	10.73			
5		缩短工期增加费	定额人工费（670.93）	3.5	23.48			
6		已完工程及设备保护费	定额人工费（670.93）	0.2	1.34			
		合计			112.38			

编制人（造价人员）：　　　　　　　复核人（造价工程师）：

注：1. "计算基础"中安全文明施工费可为"定额基价""定额人工费"或"定额人工费+定额机械费"，其他项目可为"定额人工费"或"定额人工费+定额机械费"。
　　2. 按施工方案计算的措施费，若无"计算基础"和"费率"的数值，也可只填"金额"数值，但应在备注栏说明施工方案出处或计算方法。
　　3. 本工程在计算式所采用的费率为《建设工程费用定额汇编》中的安徽省建设工程计价费用定额（2005）安装工程。

表 5-26 **其他项目清单与计价汇总表**

工程名称：某中学食堂给水排水工程　　标段：　　　　　　　　　　　　第　页　共　页

序号	项目名称	金额（元）	结算金额（元）	备注
1	暂列金额	616.98		一般为分部分项工程的10%
2	暂估价	1000		
2.1	材料（工程设备）暂估价/结算价	—		
2.2	专业工程暂估价/结算价	1000		
3	计日工	8570.33		
4	总承包服务费	—		
5	索赔与现场签证	—		
	合计	10187.31		—

注：1. 材料（工程设备）暂估单价计入清单项目综合单价，此处不汇总。
　　2. 本工程在计算时所采用的费率为《建设工程费用定额汇编》中的安徽省建设工程计价费用定额
　　　（2005）安装工程。

表 5-27　　　　　　　　　　　　　　计 日 工 表

工程名称：某中学食堂给水排水工程　　　标段：　　　　　　　　　第 页 共 页

编号	项目名称	单位	暂定数量	实际数量	综合单价（元）	合价（元） 暂定	合价（元） 实际
一	人工						
1	普工	工日	20		100	2000	
2	技工	工日	5		200	1000	
	人工小计					3000	
二	材料						
1	瓷蹲式大便器	个	1.01		55	55.55	
2	低水箱坐便器	个	1.01		110.00	111.10	
3	立式小便器	个	1.01		70.00	70.70	
4	洗脸盆	个	1.01		31.5	31.82	
5	承插铸铁管 DN100	m	0.89		44.00	39.16	
6							
	材料小计					308.33	
三	机械					0	
四	企业管理费和利润					5262	
	总计					8570.33	

注：此表项目名称、暂定数量由招标人填写，编制招标控制价时，单价由招标人按有关计价规定确定；投标时，单价由投标人自主报价，按暂定数量计算合价计入投标总价中。结算时，按发承包双方确认的实际数量计算合价。

表 5-28　　　　　　　规费、税金项目计价表

工程名称：某中学食堂给水排水工程　　　标段：　　　　　　　　　　第　页　共　页

序号	项目名称	计算基础	计算基数	计算费率（%）	金额（元）
1	规费	定额人工费	670.93	58	389.14
1.1	社会保险费	定额人工费			
(1)	养老保险费	定额人工费	670.93	30	201.28
(2)	失业保险费	定额人工费	670.93	3	20.13
(3)	医疗保险费	定额人工费	670.93	10	67.09
(4)	工伤保险费	定额人工费			
(5)	生育保险费	定额人工费			
1.2	住房公积金	定额人工费	670.93	15	100.64
1.3	工程排污费	按工程所在地环境保护部门收取标准，按实际计入			
2	税金	分部分项工程费＋措施项目费＋其他项目费＋规费－按规定不计税的工程设备金额	16858.59	3.475	585.84
	合计				1364.12

编制人（造价人员）：　　　　　　　　　复核人（造价工程师）：

第六章　某码头生活区公共卫生间给水排水工程预算

某码头生活区公共卫生间给排水设计如图 6-1～图 6-10 所示。

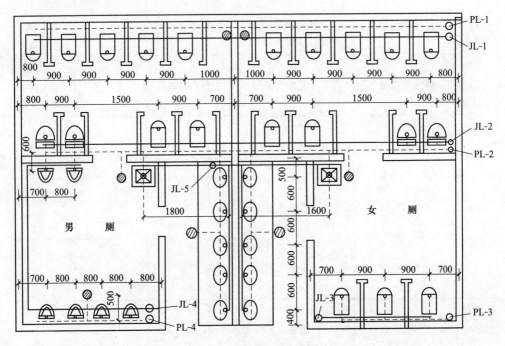

图 6-1　给水排水平面图

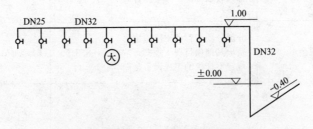

图 6-2　JL-1 给水系统图

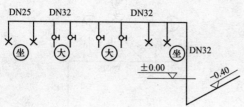

图 6-3　JL-2 给水系统图

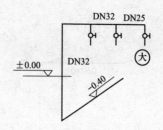

图 6-4　JL-3 给水系统图

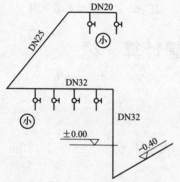

图 6-5　JL-4 给水系统图

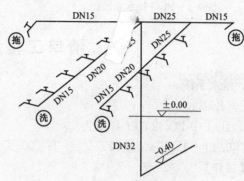

图 6-6　JL-5 给水系统图

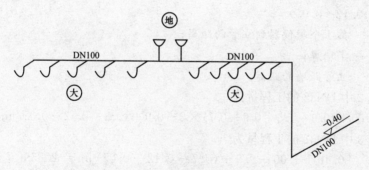

图 6-7　PL-1 排水系统图

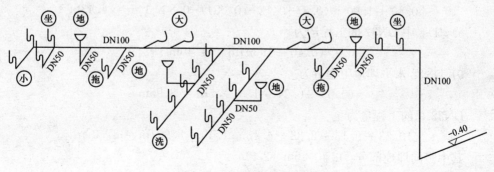

图 6-8　PL-2 排水系统图

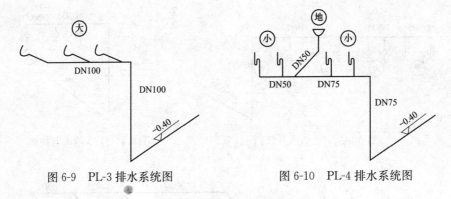

图 6-9　PL-3 排水系统图　　　　　　图 6-10　PL-4 排水系统图

一、清单工程量计算

1. 给水系统

(1) DN32。

1) JL-1 中 DN32 的工程量为

$$[0.40+1.00+0.9\times7+1+1+(0.8-0.12-0.05)]m = 10.33m$$

【注释】

0.40——埋地立管长度；

1.00——地面以上部分高度即支管的安装高度；

(0.8-0.12-0.05)

　　　　——第 1 个蹲便器到立管的距离；

0.12——半墙厚；

0.05——立管距墙的距离。

2) JL-2 中 DN32 的工程量为

$$[0.40+1.00+(0.9+1.5+0.9+0.7)\times2-0.9+(0.8-0.12-0.05)]m = 9.13m$$

3) JL-3 中 DN32 的工程量为

$$[0.40+1.00+0.9+(0.7-0.12-0.05)]m = 2.83m$$

4) JL-4 中 DN32 的工程量为

$$[0.40+1.00+(0.8-0.12-0.05)+0.8\times3]m = 4.43m$$

5) JL-5 中 DN32 的工程量为

$$(0.40+1.00)m = 1.40m$$

6) DN32 水平埋地工程量为

$$(0.05+0.24+1.5)\times5m = 8.95m$$

DN32 总的工程量为

$$(10.33+9.13+2.83+4.43+1.40+8.95)m = 37.07m$$

其中竖向埋地部分：0.40×5m=2.0m

则 DN32 的埋地工程量：8.95m+2.0m=10.95m

明装工程量：$(37.07-2.0-8.95)\text{m}=26.12\text{m}$

（2）DN25。

1）JL-1 中为最后一个大便器供水管为 DN25，工程量为 0.9m。

2）JL-2 中为最末端一个坐便器供水管为 DN25，工程量为 0.9m。

3）JL-3 同 JL-1，工程量为 0.9m。

4）JL-4 最后两个小便器供水管为 DN25，工程量为

$$[(0.7-0.12-0.05)\times2+0.6\times4+(0.5-0.12-0.05)]\text{m}=3.79\text{m}$$

5）JL-5 前两排洗脸盆供水的管为 DN25，工程量为

$$[(0.24+0.05\times2)+(0.6+0.5-0.12-0.05)\times2]\text{m}=2.2\text{m}$$

DN25 总的工程量为

$$(0.9+0.9+0.9+3.79+2.2)\text{m}=8.69\text{m}$$

（3）DN20。

1）JL-4 中最后一个小便器供水的管为 DN20，工程量为 0.8m。

2）JL-5 中第三和第四个洗脸盆供水管为 DN20，工程量为

$$(0.6+0.6)\text{m}\times2=2.4\text{m}$$

3）所以 DN20 总的工程量为

$$(0.8+2.4)\text{m}=3.2\text{m}$$

（4）DN15。

JL-5 中为最后一个洗脸盆和拖布池供水管为 DN15，工程量为

$$(0.6\times3+1.6+1.8)\text{m}=5.2\text{m}$$

其中 1.6 为女厕拖布池供水管的长度，1.8 为男厕拖布池供水管的长度。

2. 排水系统

（1）DN100。

1）PL-1 中全部为 DN100 管，工程量为

$$[0.40+0.9\times8+1+1+(0.8-0.12-0.15)]\text{m}=10.13\text{m}$$

【注释】 0.12——半墙厚；

　　　　　0.15——排水立管距墙的距离。

2）PL-2 中干管全为 DN100 管，工程量为

$$[(0.9+1.5+0.9+0.7)\times2+(0.8-0.12-0.15)+0.40]\text{m}=8.93\text{m}$$

3）PL-3：$[0.40+0.9\times2+(0.7-0.12-0.15)]\text{m}=2.63\text{m}$

4）PL-4：无 DN100 管。

5）DN100 出户横干管工程量为

$$(0.15+0.24+3)\text{m}\times3=10.17\text{m}$$

DN100 总的工程量为 $(10.13+8.93+2.63+10.17)\text{m}=31.86\text{m}$

（2）DN75。

1）PL-4 中 DN75 的工程为

$$[0.40+0.8+0.8+(0.8-0.12-0.15)]m=2.93m$$

2）DN75 出户横干管工程量为

$$(0.15+0.24+3.00)m=3.39m$$

PL-4 中 DN75 的工程量为

DN75 总的工程量为

$$2.53m+3.39m=5.92m$$

（3）DN50。

1）PL-2：

小便器支管到干管的距离（0.6+0.6）m=1.2m

地漏到干管的距离 0.5m，拖布池排水管到干管的距离 0.5m，两排洗脸盆排水管的工程量：

$$[0.6×4+(0.5+0.12+0.15)]m×2=6.34m$$

洗脸盆旁边地面上的两个地漏到支管的距离：0.5×2m=1.0m

与立管最近的拖布池距干管的距离 0.5m；地漏支管到干管的距离 0.5m。

故 PL-2 中 DN50 管的总工程量为

$$(1.2+0.5+0.5+6.34+1.0+0.5+0.5)m=10.54m$$

2）PL-4：地漏到干管的距离 0.5m，最后一个小便器供水支管长度为 0.8m，故 PL-4 中 DN50 总的工程量为

$$(0.5+0.8)m=1.3m$$

DN50 总的工程量为

$$(10.54+1.3)m=11.84m$$

2. 卫生器具安装

（1）蹲式大便器安装 17 套。

（2）坐式大便器安装 4 套。

（3）立式小便器安装 6 套。

（4）洗脸盆安装 10 组。

（5）DN15mm 水龙头安装 12 套。

（6）DN50 地漏 7 个。

（7）DN50L 排水栓 2 组。

镀锌钢管道工程量汇总见表 6-1、表 6-2。

表 6-1　　　　　　　　　　　　镀锌钢管工程量汇总表

规格	单位	数量	备注	规格	单位	数量	备注
DN32	m	10.95	埋地	DN20	m	3.2	明装
DN32	m	26.12	明装	DN15	m	4.6	明装
DN25	m	8.69	明装				

162

表 6-2   排水铸铁管工程量汇总表

规格	单位	数量	备注
DN100	m	31.86	
DN75	m	5.92	均为排水铸铁管，水泥接口
DN50	m	11.84	

二、定额工程量计算

1. 管道安装

管道安装工程量计算同清单工程量。

2. 卫生器具安装

卫生器具安装工程量计算同清单工程量。

3. 刷油量计算

（1）镀锌钢管。

1）埋地管刷沥青二遍，每度的工程量为

$$DN32：10.95m×0.133m^2/m = 1.46m^2$$

2）明管刷两遍银粉，每道的工程量为

$$DN32：26.12m×0.133m^2/m = 3.47m^2$$
$$DN25：8.69m×0.105m^2/m = 0.91m^2$$
$$DN20：3.2m×0.08m^2/m = 0.26m^2$$
$$DN15：5.2m×0.07m^2/m = 0.36m^2$$

（2）排水铸铁管。

铸铁管刷沥青两遍：

$$DN100：31.86m×0.49m^2/m = 15.61m^2$$
$$DN75：5.92m×0.36m^2/m = 2.13m^2$$
$$DN50：11.84m×0.254m^2/m = 3.01m^2$$

【注释】 管道油漆工程量的计算是根据管道长度和每米油漆面积，每米油漆面积可查表。

（3）刷油工程量汇总。

管道刷银粉第一遍工程量为

$$3.47m^2＋0.91m^2＋0.26m^2＋0.36m^2 = 5.00m^2$$

管道刷银粉第二遍工程量同第一遍。

管道刷沥青第一道工程量为

$$1.46m^2＋15.61m^2＋2.13m^2＋3.01m^2 = 22.21m^2$$

三、施工图预算表

施工图预算见表 6-3。

表 6-3 施工图预算表

工程名称：某码头生活区公共卫生间给水排水工程

序号	定额编号	分项工程名称	定额单位	工程量	单价（元）	其中：人工费（元）	其中：材料费（元）	其中：机械费（元）	合价（元）
1	8-90	镀锌钢管安装（埋地）DN32	10m	1.10	86.16	51.08	34.05	1.03	94.78
2	8-90	镀锌钢管安装 DN32	10m	2.61	86.16	51.08	34.05	1.03	224.88
3	8-89	镀锌钢管安装 DN25	10m	0.87	83.51	51.08	31.40	1.03	72.65
4	8-88	镀锌钢管安装 DN20	10m	0.32	66.72	42.49	24.23	—	21.35
5	8-87	镀锌钢管安装 DN15	10m	0.52	65.45	42.49	22.96	—	34.03
6	8-146	铸铁管安装 DN100	10m	3.19	357.39	80.34	277.05	—	1140.07
7	8-145	铸铁管安装 DN75	10m	0.59	249.18	62.23	186.95	—	147.02
8	8-144	铸铁管安装 DN50	10m	1.18	133.41	52.01	81.40	—	157.42
9	11-56	管道刷银粉第一遍	10m²	0.50	11.31	6.5	4.81		5.66
10	11-57	管道刷银粉第二遍	10m²	0.50	10.64	6.27	4.37		5.32
11	11-66	管道刷沥青第一遍	10m²	2.22	8.04	6.5	1.54		17.85
12	11-67	管道刷沥青第二遍	10m²	2.22	7.64	6.27	1.37		16.96
13	8-409	蹲式大便器（普通阀门）	10套	1.7	733.44	133.75	599.69	—	1246.85
14	8-414	坐式大便器（低水箱）	10套	0.4	484.02	186.46	297.56	—	193.61
15	8-422	立式小便器（普通式）	10套	0.6	813.94	93.34	720.60	—	488.36
16	8-382	洗脸盆（普通冷水嘴）	10组	1	576.23	109.60	466.63	—	576.23
17	8-438	水龙头 DN15	10个	1.2	7.48	6.50	0.98		8.98
18	8-447	地漏 DN50	10个	0.7	55.88	37.15	18.73		39.12
19	8-443	排水柱 DN50	10组	0.2	121.41	44.12	77.29	—	24.28

四、分部分项工程和单价措施项目清单与计价表

分部分项工程和单价措施项目清单与计价见表 6-4。

表 6-4   **分部分项工程和单价措施项目清单与计价表**

工程名称：某码头生活区公共卫生间给水排水工程　　　　标段：　　　　　　第　页　共　页

序号	项目编码	项目名称	项目特征描述	计量单位	工程量	金额（元）		
						综合单价	合价	其中：暂估价
1	031001001001	镀锌钢管 DN32	埋地，给水系统，螺纹连接，刷沥青两遍	m	10.95	35.34	386.97	
2	031001001002	镀锌钢管 DN32	给水系统，螺纹连接，刷银粉两遍	m	26.12	35.42	925.17	
3	031001001003	镀锌钢管 DN25	给水系统，螺纹连接，刷银粉两遍	m	8.69	31.63	274.86	
4	031001001004	镀锌钢管 DN20	给水系统，螺纹连接，刷银粉两遍	m	3.2	24.11	77.15	
5	031001001005	镀锌钢管 DN15	给水系统，螺纹连接，刷银粉两遍	m	5.2	22.15	115.18	
6	031001005001	承插铸铁管 DN100	排水系统，水泥接口，刷沥青两遍	m	31.86	94.32	3005.04	
7	031001005002	承插铸铁管 DN75	排水系统，水泥接口，刷沥青两遍	m	5.92	71.50	423.28	
8	031001005003	承插铸铁管 DN50	排水系统，水泥接口，刷沥青两遍	m	11.84	43.84	519.07	
9	031004006001	大便器	蹲式，普通阀门冲洗	组	17	157.70	2680.90	
10	031004006002	大便器	坐式，低水箱	组	4	225.12	900.48	
11	031004007001	小便器	立式，普通式	组	6	172.20	1033.20	
12	031004003001	洗脸盆	普通冷水嘴	组	10	113.05	1130.50	
13	030901010001	水龙头	DN15	套	12	4.77	57.24	
14	031004014001	地漏	DN50	个	7	27.49	192.43	
15	031004008001	排水栓	DN50	组	2	35.64	71.28	
			合　计				11779.46	

五、工程量清单综合单价分析

工程量清单综合单价分析见表 6-5～表 6-19。

表 6-5

工程量清单综合单价分析

工程名称：某码头生活区公共卫生间给水排水工程　　　　标段：　　　　　　　　　　第　页　共　页

项目编码	031001001001	项目名称	镀锌钢管 DN32（埋地）			计量单位	m		工程量	10.95

清单综合单价组成明细

定额编号	定额名称	定额单位	数量	单价（元）				合价（元）			
				人工费	材料费	机械费	管理费和利润	人工费	材料费	机械费	管理费和利润
8-90	镀锌钢管 DN32	10m	0.1	51.08	34.05	1.03	110.03	5.108	3.405	0.103	11.003
11-66	管道刷沥青第一遍	10m²	0.013	6.5	1.54	—	14.00	0.085	0.020	—	0.182
11-67	管道刷沥青第二遍	10m²	0.013	6.27	1.37	—	13.51	0.082	0.018	—	0.176
人工单价		小计						5.275	3.443	0.103	11.361
23.22元/工日		未计价材料费							15.16		

清单项目综合单价							35.34			

材料费明细	主要材料名称、规格、型号	单位	数量	单价（元）	合价（元）	暂估单价（元）	暂估合价（元）
	镀锌钢管 DN32	m	1.02	14.86	15.16		
	其他材料费			—		—	
	材料费小计			—	15.16	—	

166

表 6-6

工程量清单综合单价分析

工程名称：某码头生活区公共卫生间给水排水工程　　　　　标段：　　　　　　　　　　　　　　第　页　共　页

项目编码	031001001002	项目名称	镀锌钢管 DN32			计量单位	m		工程量	26.12

清单综合单价组成明细

定额编号	定额名称	定额单位	数量	单价（元）				合价（元）			
				人工费	材料费	机械费	管理费和利润	人工费	材料费	机械费	管理费和利润
8-90	镀锌钢管 DN32	10m	0.1	51.08	34.05	1.03	110.03	5.108	3.405	0.103	11.003
11-56	管道刷银粉第一遍	10m²	0.013	6.5	4.81	—	14.00	0.085	0.063	—	0.182
11-57	管道刷银粉第二遍	10m²	0.013	6.27	4.37	—	13.51	0.082	0.057	—	0.176
人工单价		小计						5.275	3.525	0.103	11.361
23.22元/工日		未计价材料费						15.157			
清单项目综合单价								35.42			

材料费明细	主要材料名称、规格、型号	单位	数量	单价（元）	合价（元）	暂估单价（元）	暂估合价（元）
	镀锌钢管 DN32	m	1.02	14.86	15.157	—	—
	其他材料费			—	—		—
	材料费小计			—	15.157		15.157

表 6-7

工程量清单综合单价分析

项目编码	031001001003	项目名称	镀锌钢管 DN25	计量单位	m	工程量	8.69

清单综合单价组成明细

定额编号	定额名称	定额单位	数量	单价（元）				合价（元）			
				人工费	材料费	机械费	管理费和利润	人工费	材料费	机械费	管理费和利润
8-89	镀锌钢管 DN25	10m	0.1	51.08	31.40	1.03	110.03	5.108	3.140	0.103	11.003
11-56	管道刷银粉第一遍	10m²	0.011	6.5	4.81	—	14.00	0.072	0.053	—	0.154
11-57	管道刷银粉第二遍	10m²	0.011	6.27	4.37	—	13.51	0.069	0.048	—	0.149
人工单价	小计							5.249	3.241	0.103	11.306
23.22元/工日	未计价材料费								11.73		
	清单项目综合单价								31.63		

材料费明细	主要材料名称、规格、型号	单位	数量	单价（元）	合价（元）	暂估单价（元）	暂估合价（元）
	镀锌钢管 DN25	m	1.02	11.50	11.73	—	—
	其他材料费			—		—	
	材料费小计			—	11.73	—	

168

表6-8

工程量清单综合单价分析

工程名称：某码头生活区公共卫生间给水排水工程　　标段：

项目编码	031001001004	项目名称	镀锌钢管 DN20		计量单位	m	工程量	3.2

清单综合单价组成明细

定额编号	定额名称	定额单位	数量	单价（元）				合价（元）			
				人工费	材料费	机械费	管理费和利润	人工费	材料费	机械费	管理费和利润
8-88	镀锌钢管 DN20	10m	0.1	42.49	24.23	—	91.52	4.249	2.423	—	9.152
11-56	管道刷银粉第一遍	10m²	0.008	6.5	4.81	—	14.00	0.052	0.038	—	0.112
11-57	管道刷银粉第二遍	10m²	0.008	6.27	4.37	—	13.51	0.050	0.035	—	0.108
人工单价		小计						4.351	2.496		9.372
23.22元/工日		未计价材料费							7.89		
清单项目综合单价									24.11		

材料费明细	主要材料名称、规格、型号	单位	数量	单价（元）	合价（元）	暂估单价（元）	暂估合价（元）
	镀锌钢管 DN20	m	1.02	7.74	7.89	—	—
	其他材料费			—		—	
	材料费小计			—	7.89	—	

表 6-9

工程量清单综合单价分析

工程名称：某码头生活区公共卫生间给水排水工程　　标段：

项目编码	031001001005	项目名称	镀锌钢管 DN15			计量单位	m	工程量	5.2

清单综合单价组成明细

定额编号	定额名称	定额单位	数量	单价（元）				合价（元）			
				人工费	材料费	机械费	管理费和利润	人工费	材料费	机械费	管理费和利润
8-87	镀锌钢管 DN15	10m	0.1	42.49	22.96	—	91.52	4.249	2.296	—	9.152
11-56	管道刷银粉第一遍	10m²	0.007	6.5	4.81	—	14.00	0.046	0.034	—	0.098
11-57	管道刷银粉第二遍	10m²	0.007	6.27	4.37	—	13.51	0.044	0.031	—	0.095
人工单价	小计							4.339	2.374	—	9.345
23.22元/工日	未计价材料费								6.09		
清单项目综合单价								22.15			

材料费明细	主要材料名称、规格、型号	单位	数量	单价（元）	合价（元）	暂估单价（元）	暂估合价（元）
	镀锌钢管 DN15	m	1.02	5.97	6.09	—	—
	其他材料费			—		—	
	材料费小计				6.09		—

表 6-10

工程量清单综合单价分析

工程名称：某码头生活区公共卫生间给水排水工程　　标段：　　　　　　　　　　　　　第　页　共　页

| 项目编码 | 031001005001 | 项目名称 | 承插铸铁管 DN100 | 计量单位 | m | 工程量 | | | | |

清单综合单价组成明细

定额编号	定额名称	定额单位	数量	单价（元）				合价（元）			
				人工费	材料费	机械费	管理费和利润	人工费	材料费	机械费	管理费和利润
8-146	承插铸铁管 DN100	10m	0.1	80.34	277.05	—	173.05	8.034	27.705	—	17.305
11-66	管道刷沥青第一遍	10m²	0.049	6.5	1.54	—	14.00	0.319	0.075	—	0.686
11-67	管道刷沥青第二遍	10m²	0.049	6.27	1.37	—	13.51	0.307	0.067	—	0.662
人工单价	小计							8.660	27.847	—	18.653
23.22元/工日	未计价材料费								39.16		
清单项目综合单价									94.32		

材料费明细	主要材料名称、规格、型号	单位	数量	单价（元）	合价（元）	暂估单价（元）	暂估合价（元）
	承插铸铁管 DN100	m	0.89	44.00	39.16	—	—
	其他材料费				—		—
	材料费小计				39.16		—

表6-11

工程量清单综合单价分析

工程名称：某码头生活区公共卫生间给水排水工程　　标段：　　　　　　第　页　共　页

项目编码	031001005002	项目名称	承插铸铁管排水 DN75	计量单位	m	工程量	5.92

清单综合单价组成明细

定额编号	定额名称	定额单位	数量	单价（元）				合价（元）			
				人工费	材料费	机械费	管理费和利润	人工费	材料费	机械费	管理费和利润
8-145	承插铸铁管 DN75	10m	0.1	62.23	186.95	—	134.04	6.223	18.695	—	13.404
11-66	管道刷沥青第一遍	10m²	0.036	6.5	1.54	—	14.00	0.234	0.055	—	0.504
11-67	管道刷沥青第二遍	10m²	0.036	6.27	1.37	—	13.51	0.226	0.049	—	0.486
人工单价			小计					6.683	18.799		14.394
23.22元/工日			未计价材料费						31.62		
			清单项目综合单价						71.50		

	主要材料名称、规格、型号	单位	数量	单价（元）	合价（元）	暂估单价（元）	暂估合价（元）
材料费明细	承插铸铁管 DN75	m	0.93	34.00	31.62	—	—
	其他材料费			—	31.62	—	—
	材料费小计			—	31.62		—

172

表 6-12

工程量清单综合单价分析

工程名称：某码头生活区公共卫生间给水排水工程　　标段：　　第　页　共　页

项目编码	03100100S003	项目名称	承插铸铁管 DN50	计量单位	m	工程量	11.84

清单综合单价组成明细

定额编号	定额名称	定额单位	数量	单价（元）				合价（元）			
				人工费	材料费	机械费	管理费和利润	人工费	材料费	机械费	管理费和利润
8-144	承插铸铁管 DN50	10m	0.1	52.01	81.40	—	112.03	5.201	8.140	—	11.203
11-66	管道刷沥青第一遍	10m²	0.025	6.5	1.54	—	14.00	0.163	0.039	—	0.350
11-67	管道刷沥青第二遍	10m²	0.025	6.27	1.37	—	13.51	0.157	0.034	—	0.338
人工单价		小计						5.521	8.213	—	11.891
23.22元/工日		未计价材料费							18.216		

清单项目综合单价	43.84

材料费明细	主要材料名称、规格、型号	单位	数量	单价（元）	合价（元）	暂估单价（元）	暂估合价（元）
	承插铸排水管 DN50	m	0.88	20.7	18.216	—	—
	其他材料费			—		—	—
	材料费小计				18.216		—

表 6-13

工程名称：某码头生活区公共卫生间给水排水工程　　标段：　　　　第　页　共　页

工程量清单综合单价分析

项目编码	031004006001	项目名称	大便器		计量单位	组	工程量	17

清单综合单价组成明细

定额编号	定额名称	定额单位	数量	单价（元）				合价（元）			
				人工费	材料费	机械费	管理费和利润	人工费	材料费	机械费	管理费和利润
8-409	大便器	10套组	0.1	133.75	599.69	—	288.10	13.375	59.969	—	28.810
人工单价		小计						13.375	59.969	—	28.810
23.22元/工日		未计价材料费									
		清单项目综合单价							157.70		

材料费明细	主要材料名称、规格、型号	单位	数量	单价（元）	合价（元）	暂估单价（元）	暂估合价（元）
	瓷蹲式大便器	个	1.01	55.0	55.55	—	—
	其他材料费			—	55.55	—	—
	材料费小计			—	55.55	—	—

表 6-14

工程名称：某码头生活区公共卫生间给水排水工程

工程量清单综合单价分析

项目编码	031004006002	项目名称	坐便器	计量单位	组	工程量	

清单综合单价组成明细

定额编号	定额名称	定额单位	数量	单价（元）				合价（元）			
				人工费	材料费	机械费	管理费和利润	人工费	材料费	机械费	管理费和利润
8-414	坐式大便器	10组	0.1	186.46	297.56	—	401.63	18.646	29.756	—	40.163
人工单价		小计						18.646	29.756	—	40.163
23.22元/工日		未计价材料费						136.552			
		清单项目综合单价						225.12			

材料费明细	主要材料名称、规格、型号	单位	数量	单价（元）	合价（元）	暂估单价（元）	暂估合价（元）
	低水箱坐便器	个	1.01	110.00	111.100	—	—
	坐式低水箱	个	1.01	15.50	15.655	—	—
	低水箱配件	套	1.01	4.20	4.242	—	—
	坐便器桶盖	套	1.01	5.50	5.555	—	—
	其他材料费			—		—	—
	材料费小计			—	136.552		—

表 6-15

工程量清单综合单价分析

工程名称：某码头生活区公共卫生间给水排水工程　　　　标段：　　　　　　　　　　

项目编码	0310040070001	项目名称	小便器（立式）			计量单位	组	工程量	6

清单综合单价组成明细

定额编号	定额名称	定额单位	数量	单价（元）				合价（元）			
				人工费	材料费	机械费	管理费和利润	人工费	材料费	机械费	管理费和利润
8-422	小便器	10组	0.1	93.34	720.60	—	201.05	9.334	72.060	—	20.105
人工单价			小计					9.334	72.060	—	20.105
23.22元/工日			未计价材料费						70.70		
		清单项目综合单价						172.20			

材料费明细	主要材料名称、规格、型号	单位	数量	单价（元）	合价（元）	暂估单价（元）	暂估合价（元）
	立式小便器	个	1.01	70.00	70.70	—	—
	其他材料费			—		—	—
	材料费小计			—	70.70	—	—

表 6-16

工程量清单综合单价分析

工程名称：某码头生活区公共卫生间给水排水工程　　标段：　　　　第 页 共 页

项目编码	031004003001	项目名称	洗脸盆	计量单位	组	工程量	10

清单综合单价组成明细

定额编号	定额名称	定额单位	数量	单价（元）				合价（元）			
				人工费	材料费	机械费	管理费和利润	人工费	材料费	机械费	管理费和利润
8-382	洗脸盆	10组	0.1	109.60	466.63	—	236.08	10.960	46.663	—	23.608
人工单价			小计					10.960	46.663	—	23.608
23.22元/工日			未计价材料费					31.815			
			清单项目综合单价					113.05			

材料费明细	主要材料名称、规格、型号	单位	数量	单价（元）	合价（元）	暂估单价（元）	暂估合价（元）
	洗脸盆	个	1.01	31.5	31.815	—	—
	其他材料费			—		—	—
	材料费小计			—	31.815	—	—

表 6-17

工程量清单综合单价分析

工程名称：某码头生活区公共卫生间给水排水工程　　　标段：　　　　　　　　　第　页　共　页

项目编码	03090101001	项目名称	水龙头 DN15	计量单位	套	工程量	12

清单综合单价组成明细

定额编号	定额名称	定额单位	数量	单价（元）				合价（元）			
				人工费	材料费	机械费	管理费和利润	人工费	材料费	机械费	管理费和利润
8-438	水龙头	10套	0.1	6.50	0.98	—	14.00	0.650	0.098	—	1.400
人工单价		小计						0.650	0.098	—	1.400
23.22元/工日		未计价材料费							2.626		
		清单项目综合单价							4.77		

材料费明细	主要材料名称、规格、型号	单位	数量	单价（元）	合价（元）	暂估单价（元）	暂估合价（元）
	铜水嘴	个	1.01	2.6	2.626	—	—
	其他材料费			—		—	
	材料费小计			—	2.626		—

178

表6-18

工程量清单综合单价分析

工程名称：某码头生活区公共卫生间给水排水工程　标段：　

项目编码	031004014001	项目名称	地漏	计量单位	个	工程量	

清单综合单价组成明细

定额编号	定额名称	定额单位	数量	单价（元）				合价（元）			
				人工费	材料费	机械费	管理费和利润	人工费	材料费	机械费	管理费和利润
8-447	地漏	10个	0.1	37.15	18.73	—	80.02	3.715	1.873	—	8.002
人工单价		小计						3.715	1.873		8.002
23.22元/工日		未计价材料费							13.9		
		清单项目综合单价						27.49			

材料费明细	主要材料名称、规格、型号	单位	数量	单价（元）	合价（元）	暂估单价（元）	暂估合价（元）
	地漏 DN50	个	1	13.9	13.9	—	—
	其他材料费			—		—	—
	材料费小计			—	13.9	—	—

表 6-19

工程量清单综合单价分析

工程名称：某码头生活区公共卫生间给水排水工程

标段：

项目编码	031004008001	项目名称		排水栓	计量单位	组	工程量	
			清单综合单价组成明细					
定额编号	定额名称	定额单位	数量	单价（元）				合价（元）			
				人工费	材料费	机械费	管理费和利润	人工费	材料费	机械费	管理费和利润
8-443	排水栓	10组	0.1	44.12	77.29	—	95.03	4.412	7.729	—	9.503
人工单价			小计					4.412	7.729	—	9.503
23.22 元/工日			未计价材料费					14.00			
		清单项目综合单价					35.64				
材料费明细	主要材料名称、规格、型号			单位	数量	单价（元）	合价（元）	暂估单价（元）	暂估合价（元）		
	排水栓带链堵			套	1.00	14.00	14.00	—	—		
	其他材料费					—		—			
	材料费小计					—	14.00	—			

六、投标报价（投标报价所需表格见表6-20～表6-27）

_____某码头生活区公共卫生间给水排水_____工程

投 标 总 价

投 标 人：_____××安装公司_____

（单位盖章）

××××年××月××日

投 标 总 价

招 标 人： 　　　　某码头

工程名称： 　　某码头生活区公共卫生间给水排水工程

投标总价(小写)： 　　　　24230

　　　　(大写)： 　　贰万肆仟贰佰叁拾元整

投 标 人： 　　　　××安装公司

　　　　　　　　　　(单位盖章)

法定代表人
或其授权人： 　　　　×××

　　　　　　　　　　(签字或盖章)

编制人： 　　　　×××

　　　　　(造价人员签字盖专用章)

时间：××××年××月××日

表 6-20　　　　　　　　　　　　　　　**总　说　明**

工程名称：某码头生活区公共卫生间给水排水工程　　　　　　　　　第　页　共　页

1. 工程概况

本设计为某中学食堂的给水排水工程设计。某码头生活区公共卫生间给水排水工程设计如图 5-1～图 5-10 所示。其中蹲式大便器安装：17 套，坐式大便器安装：4 套，立式小便器安装：6 套，洗脸盆安装：10 组，DN15mm 水龙头安装：12 套，DN50 地漏：7 个，DN50L 排水栓：2 组。

2. 投标控制价包括范围

为本次招标的某码头生活区公共卫生间给水排水工程。

3. 投标控制价编制依据

(1) 招标文件及其所提供的工程量清单和有关计价的要求，招标文件的补充通知和答疑纪要。

(2) 该某码头生活区公共卫生间给排水施工图及投标施工组织设计。

(3) 有关的技术标准，规范和安全管理规定。

(4) 省建设主管部门颁发的计价定额和计价管理办法及有关计价文件。

(5) 材料价格采用工程所在地工程造价管理机构工程造价信息发布的价格信息，对于造价信息没有发布的材料，其价格参照市场价。

表 6-21 **建设项目投标报价汇总表**

工程名称：某码头生活区公共卫生间给水排水工程　　　　标段：　　　第　页　共　页

序号	单项工程名称	金额（元）	其中：（元）		
			暂估价	安全文明施工费	规费
1	某码头生活区公共卫生间给水排水工程	24229.86			
	合计	24229.86			

注：本表适用于建设项目招标控制价或投标报价的汇总。

表 6-22 **单项工程投标报价汇总表**

工程名称：某码头生活区公共卫生间给水排水工程　　　　标段：　　第　页　共　页

序号	单项工程名称	金额（元）	其中：（元）		
			暂估价	安全文明施工费	规费
1	某码头生活区公共卫生间给水排水工程	24229.86			
	合计	24229.86			

注：本表适用于建设项目招标控制价或投标报价的汇总。

表 6-23   **单位工程投标报价汇总表**

工程名称：某码头生活区公共卫生间给水排水工程　　　标段：　　　　第　页　共　页

序号	汇总内容	金额（元）	其中：暂估价（元）
1	分部分项工程	11792.75	
1.1	某码头生活区公共卫生间给水排水工程	11792.75	
1.2			
1.3			
1.4			
1.5			
2	措施项目	195.80	—
2.1	其中：安全文明施工费	125.08	—
3	其他项目	10749.61	—
3.1	其中：暂列金额	1179.28	—
3.2	其中：专业工程暂估价	1000	—
3.3	其中：计日工	8570.33	—
3.4	其中：总承包服务费	—	—
4	规费	677.99	—
5	税金	813.71	—
	合计＝1＋2＋3＋4＋5	24229.86	

注：本表适用于单位工程招标控制价或投标报价的汇总，如无单位工程划分，单项工程也使用本表汇总。

表 6-24 　　　　　　　　　　　　　**总价措施项目清单与计价表**

工程名称：某码头生活区公共卫生间给水排水工程　　　　标段：　　　　第 页 共 页

序号	项目编码	项目名称	计算基础	费率（%）	金额（元）	调整费率（%）	调整后金额（元）	备注
1		安全文明施工费	定额人工费（1168.94）	10.7	125.08			
2		夜间施工增加费	定额人工费（1168.94）	0.05	0.58			
3		二次搬运费	定额人工费（1168.94）	0.7	8.18			
4		冬雨季施工增加费	定额人工费（1168.94）	1.6	18.70			
5		缩短工期增加费	定额人工费（1168.94）	3.5	40.91			
6		已完工程及设备保护费	定额人工费（1168.94）	0.2	2.34			
		合计			195.80			

编制人（造价人员）：　　　　　　　　　复核人（造价工程师）：

注：1."计算基础"中安全文明施工费可为"定额基价""定额人工费"或"定额人工费＋定额机械费"，
　　其他项目可为"定额人工费"或"定额人工费＋定额机械费"。
　　2. 按施工方案计算的措施费，若无"计算基础"和"费率"的数值，也可只填"金额"数值，但应在
　　备注栏说明施工方案出处或计算方法。
　　3. 本工程在计算式所采用的费率为《建设工程费用定额汇编》中的安徽省建设工程计价费用定额
　　（2005）安装工程。

187

表 6-25 **其他项目清单与计价汇总表**

工程名称：某码头生活区公共卫生间给水排水工程　　　标段：　　　　第　页　共　页

序号	项目名称	金额（元）	结算金额（元）	备　注
1	暂列金额	1179.28		一般为分部分项工程的 10%
2	暂估价	1000		
2.1	材料（工程设备）暂估价/结算价	—		
2.2	专业工程暂估价/结算价	1000		
3	计日工	8570.33		
4	总承包服务费	—		
5	索赔与现场签证	—		
	合计	11749.61		

注：1. 材料（工程设备）暂估单价计入清单项目综合单价，此处不汇总。
　　2. 本工程在计算时所采用的费率为《建设工程费用定额汇编》中的安徽省建设工程计价费用定额
　　（2005）安装工程。

表 6-26　　　　　　　计 日 工 表

工程名称：某码头生活区公共卫生间给水排水工程　　标段：　　　　第 页 共 页

编号	项目名称	单位	暂定数量	实际数量	综合单价（元）	合价（元）暂定	合价（元）实际
一	人工	工日					
1	普工	工日	20		100	2000	
2	技工	工日	5		200	1000	
	人工小计					3000	
二	材料						
1	瓷蹲式大便器	个	1.01		55	55.55	
2	低水箱坐便器	个	1.01		110.00	111.10	
3	立式小便器	个	1.01		70.00	70.70	
4	洗脸盆	个	1.01		31.5	31.82	
5	承插铸铁管 DN100	m	0.89		44.00	39.16	
6							
	材料小计					308.33	
三	机械费					0	
四	企业管理费和利润					5262	
	总计					8570.33	

注：此表项目名称、暂定数量由招标人填写，编制招标控制价时，单价由招标人按有关计价规定确定；投
　　标时，单价由投标人自主报价，按暂定数量计算合价计入投标总价中。结算时，按发承包双方确认的
　　实际数量计算合价。

表 6-27　　　　　　　　　　　　规费、税金项目计价表

工程名称：某码头生活区公共卫生间给水排水工程　　　　标段：　　　　　第 页 共 页

序号	项目名称	计算基础	计算基数	计算费率（%）	金额（元）
1	规费	定额人工费	1168.94	58	677.99
1.1	社会保险费	定额人工费			
(1)	养老保险费	定额人工费	1168.94	30	350.68
(2)	失业保险费	定额人工费	1168.94	3	35.07
(3)	医疗保险费	定额人工费	1168.94	10	116.89
(4)	工伤保险费	定额人工费			
(5)	生育保险费	定额人工费			
1.2	住房公积金	定额人工费	1168.94	15	175.34
1.3	工程排污费	按工程所在地环境保护部门收取标准，按实计入			
2	税金	分部分项工程费＋措施项目费＋其他项目费＋规费－按规定不计税的工程设备金额	23416.15	3.475	813.71
	合计				1491.7

编制人（造价人员）：　　　　　　　　　　复核人（造价工程师）：

190